Symposium

Gestalteter Beton – Konstruieren in Einklang von Form und Funktion

Herausgeber:
Harald S. Müller
Ulrich Nolting
Michael Haist
Marco Kromer

Symposium

Gestalteter Beton – Konstruieren in Einklang von Form und Funktion

10. Symposium Baustoffe und Bauwerkserhaltung
Karlsruher Institut für Technologie (KIT), 13. März 2014

mit Beiträgen von:
Robert Adams
Dr.-Ing. Hubert Bachmann
Prof. Dr.-Ing. Klaus Bollinger
Prof. Dr.-Ing. Wolfgang Breit
Dipl.-Ing. Bianca Bund
Dr.-Ing. Michael Haist
Prof. Dr.-Ing. Josef Hegger
Dr.-Ing. Christian Kulas
M. Sc. Enrico Lorenz
Prof. Dr.-Ing. Harald S. Müller
Prof. Dr.-Ing. Aurelio Muttoni
Dipl.-Ing. Kai Otto
Prof. em. Dr.-Ing. Wieland Ramm
Dipl.-Ing. Sergej Rempel
Dr.-Ing. Frank Schladitz
Prof. Dipl.-Ing. Michael Schumacher
M.A. (AAD) Ragunath Vasudevan
Dipl.-Ing. Tobias Walther

Veranstalter:
Karlsruher Institut für Technologie (KIT)
Institut für Massivbau und Baustofftechnologie
76128 Karlsruhe

VDB – Verband Deutscher Betoningenieure e. V.
Regionalgruppen 9 und 10

Beton Marketing Süd GmbH
Gerhard-Koch-Straße 2+4
73760 Ostfildern

Hinweis der Herausgeber
Für den Inhalt namentlich gekennzeichneter Beiträge ist die jeweilige Autorin bzw. der jeweilige Autor verantwortlich.

Impressum

Karlsruher Institut für Technologie (KIT)
KIT Scientific Publishing
Straße am Forum 2
D-76131 Karlsruhe

www.ksp.kit.edu

Print on Demand 2014

ISBN 978-3-7315-0179-4
DOI: 10.5445/KSP/1000038840

Vorwort

Durch erhebliche Fortschritte in der Tragwerksplanung, Bautechnik und Betontechnologie sind dem Werkstoff Beton in gestalterischer Hinsicht fast keine Grenzen mehr gesetzt. Mit den zunehmenden Möglichkeiten wird jedoch auch die gezielte Abstimmung der Betoneigenschaften auf die Anforderungen des Bauteils und der Bauausführung immer schwieriger. Im vorliegenden Tagungsband zum 10. Symposium Baustoffe und Bauwerkserhaltung geben daher namhafte Autoren einen umfassenden Überblick über die Möglichkeiten und Methoden der Gestaltung mit dem Werkstoff Beton.

Nach einem historischen Überblick über die Ursprünge des Werkstoffs Beton wird im ersten Themenblock das Zusammenwirken von Architektur, Konstruktion und Betontechnologie anhand eines ausgewählten Bauwerks - des Städel Museums Frankfurt - sowohl aus der Sicht des Architekten als auch aus der Sicht des Tragwerkplaners erläutert. Insbesondere an den Werkstoff Beton werden bei der Realisierung solch herausragender Bauwerke besondere Anforderung gestellt. Im zweiten Themenblock werden daher Kriterien und Methoden erläutert, anhand derer die Frischbetoneigenschaften gezielt auf die Bauteilgeometrie und die gestalterischen Wünsche des Bauherrn abgestimmt werden können. Neben den technischen Grenzen einer solchen Abstimmung wird insbesondere auch auf die Prüfung und Qualitätssicherung von frischem Beton eingegangen. Der anschließende dritte Themenblock zeigt auf, welche Möglichkeiten dem Planer durch die Verwendung des neuen Werkstoffs Textilbeton entstehen und dass auch Betonfertigteile ein enormes gestalterisches - und vor allem bislang nur wenig genutztes - Potential aufweisen. Abschließend wird auf herausragende Gestaltungsbeispiele aus der Praxis eingegangen.

Der vorliegende Tagungsband fasst die Beiträge der einzelnen Referenten zusammen.

Die Veranstalter

Inhalt

Beton – Baustoff aus der Vergangenheit für die Zukunft

Wieland Ramm

Beton ist bekanntlich ein künstliches Gestein, hergestellt aus Gesteinskörnungen (Zuschlagstoffe, Kies, Splitt und Sand), Bindemitteln und Wasser, und ist im Grunde genommen den natürlich vorkommenden Konglomeraten nachempfunden. Theodor Heuss hat einmal in der Wiederaufbauphase nach dem II. Weltkrieg Beton als „Baustoff unseres Jahrhunderts" bezeichnet. Denkt man bei den Bindemitteln nicht nur an die modernen Zemente, sondern auch an Kalk und geeignete Zusatzstoffe, so ist die Verwendung von Beton sehr viel älter. Schon vor über 3000 Jahren haben die Phönizier Kalk mit Puzzolanen bei der Mörtelherstellung vermischt, und vor rund 2000 Jahren wurde Beton von den römischen Baumeistern in großem Umfang eingesetzt. Durch Zusatz von vulkanischen Puzzolanen, Ziegelmehl und Ziegelsplitt verstanden sie es, dem Kalkmörtel hydraulische Eigenschaften zu geben, also ein Erhärten unter Luftabschluss zu ermöglichen und größere Festigkeiten zu erreichen.

Abbildung 1 zeigt ein Stück römischen Betons im Schliffbild [1]. Deutlich erkennt man den Zusatz von Ziegelresten. Die Römer nannten ihren Beton opus caementitium, wobei caementitium allerdings die Zuschlagstoffe bezeichnete. Dieses Wort erfuhr später einen Bedeutungswandel zum Bindemittel Zement.

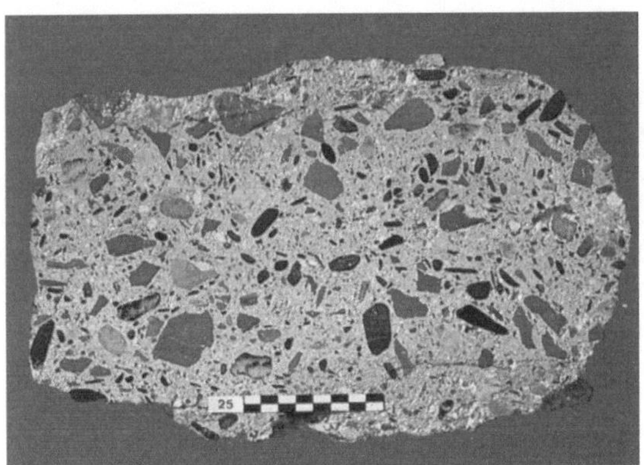

Abb. 1: Römischer Beton (opus caementitium), [1]

Die Römer verwandten Beton nicht nur für Fundamente und Tiefbauten, sondern setzten ihn gerade auch bei repräsentativen Großbauten ein. Ein schönes Beispiel ist die überkommene Kuppel des Serapis-Tempels in der Villa Hadriana (Abbildung 2) Die Bruchflächen demonstrieren deutlich die Verwendung von Beton. Auch die 43 m weit gespannte Kuppel des Pantheons in Rom (Abbildung 3) wurde aus Beton errichtet. Schon in dieser Zeit bewies der Beton, als Baustoff für anspruchsvoll gestaltete Bauwerke geeignet zu sein.

Abb. 2: Serapis-Tempel in der Villa Hadriana in Tivoli bei Rom, [2]

Auch nördlich der Alpen wurde von den Römern mit Beton gebaut. Abbildung 4 zeigt das Betongewölbe über einem Kellergang in den Kaiserthermen in Trier. Deutlich sind die Abdrücke der Schalung und sogar der eines in der Schalung vergessenen Zirkels zu sehen. In diesem Teil des römischen Reiches wurde vielfach Trass aus der Eifel verwendet, um dem Kalk hydraulische Eigenschaften zu geben.

Abb. 3: Pantheon in Rom (Quelle: James Ferqusson: A History of Architecture in All Countries)

Nach dem Untergang des Imperium Romanum gingen im Mittelalter viele Kenntnisse der römischen Baumeister verloren. Besonders in Frankreich wurde aber weiterhin Ziegelmehl dem Bindemittel Kalk beigemischt. Hier entstand auch die Bezeichnung béton aus dem altfranzösischen Wort betun, das wiederum auf das lateinische Wort bitumen zurückging, das allerdings ursprünglich die Bedeutung von Erdharz oder Bergteer hatte (siehe Wikipedia: Beton).

Abb. 4: Wölbung über einem Kellergang bei den Kaiserthermen in Trier, [1]

Die Zunahme der Bautätigkeit im Zuge der neuzeitlichen Industrialisierung bewirkte auch die Suche nach einem neuen künstlichen Bindemittel, wobei ein Schwerpunkt in Großbritannien lag. Hier hatte bereits 1755 John Smeaton durch systematische Untersuchungen herausgefunden, dass ein gewisser Gehalt an Ton nach dem Brennen des Kalks die gewünschten hydraulische Eigenschaften bewirkte. Sein Landsmann James Parker brannte Mergelnieren aus dem Londoner Septarienton bis kurz unter der Sintertemperatur und nannte das gewonnene hydraulische Bindemittel Romancement. Joseph Aspdin erhielt 1884 ein Patent für die Herstellung eines Bindemittels, das er im Anklang an den hochwertigen Portland-Stein als Portland-Cement bezeichnete. Da fraglich ist, ob Aspdin beim Brennen wirklich die Sintertemperatur erreichte, bleibt er als Erfinder des heutigen Portlandzements umstritten. 1844 gewann schließlich Isaac Charles Johnson die Erkenntnis, dass zum Erreichen einer hohen Qualität des Portland-Cements ein Brennen bis zur Sinterung erforderlich war.

Auch auf dem europäischen Kontinent bestand ein hoher Bedarf für dieses neue Bindemittel. Da die britischen Hersteller ihr Wissen geheim hielten, musste der Portland-Cement zunächst von dort teuer importiert werden. 1855 entstand in Züllchow bei Stettin unter der Leitung von Hermann Bleibtreu das erste deutsche Zementwerk (Abbildung 5), dem alsbald weitere Werke an verschiedenen Standorten folgten.

Abb. 5: Erstes deutsches Zementwerk in Züllchow bei Stettin, 1855 durch Hermann Bleibtreu (Diorama im Deutschen Museum in München)

Abb. 6: Stand der Dyckerhoff'schen Firmen auf der „Gewerbe-Ausstellung des Königreichs der Niederlande und der niederländischen Kolonien 1879 in Arnheim", [3]

Um den Absatz ihrer Produkte zu fördern, warben die Zementhersteller und Baufirmen auf Ausstellungen für den Einsatz von Beton. Ein Beispiel ist auf der Ausstellung in Arnheim von 1879 der gemeinsame Stand der Firmen Dyckerhoff & Söhne, Portland-Cement-Fabrik in Amöneburg bei Wiesbaden, und Dyckerhoff & Widmann, damals noch firmierend als Cementwaaren-Fabrik in Karlsruhe (Abbildung 6). Die Vielfalt der ausgestellten Gegenstände demonstrierte eindrucksvoll, welche Möglichkeiten der in Formen gießbare Beton bot. Interessant ist auch die Präsentation von Kanalrohren, denn der Bau von Abwasserkanälen in den Kommunen versprach damals große Absatzmöglichkeiten.

Abb. 7: Stampfbetonbogen der Firma Dyckerhoff & Widmann auf der Düsseldorfer Gewerbe- und Kunstausstellung von 1880, [3]

Abb. 8: Donaubrücke in Munderkingen von 1893 aus Stampfbeton, Spannweite 50 m (Bildarchiv des Deutsches Museums in München)

Allgemein verwendet wurde für Bauteile und Bauwerke sogenannter Stampfbeton, ein unbewehrter Beton, der verhältnismäßig trocken angemacht und durch festes Stampfen verdichtet wurde. Der beeindruckende Stampfbetonbogen der Fa. Dyckerhoff & Widmann auf einer Ausstellung in Düsseldorf warb 1880 für die Errichtung auch größerer Bauwerke aus Beton (Abbildung 7). In der Tat wurden seinerzeit bis in die ersten Jahre nach 1900 sogar große Bogenbrücken aus Beton errichtet. Abbildung 8 zeigt beispielhaft die Donaubrücke in Munderkingen von 1893, mit ihrer Stützweite von 50 m und einem geringen Bogenstich ein zweifellos kühnes Bauwerk. Ein weiteres Beispiel sind die 1904-1906 erbauten Eisenbahnbrücken über die Iller bei Kempten mit ihren hochgewölbten und im Scheitel sehr schlanken Bögen (Abbildung 9).

Abb. 9: Illerbrücken bei Kempten aus Stampfbeton, errichtet 1904-1906, [3]

Die Einsatzmöglichkeiten für Beton waren aber wegen seiner geringen Zugfestigkeit begrenzt und beschränkten sich auf druckbeanspruchte Bauteile wie Fundamente, Wände und Bögen. Der Gedanke, diese Schwäche des Betons durch Einlegen einer eisernen Bewehrung auszugleichen, war damals eigentlich naheliegend, denn das Bewehren von Mauerwerk war seit längerem bekannt (Abbildung 10). So beschäftigten sich einige parallel mit dem Einbetten von Eisenstäben in Beton, in Großbritannien, in den USA und insbesondere in Frankreich, aber erstaunlicherweise niemand in Deutschland. Gemeinhin gilt der Franzose François Coignet als der Erfinder des eisenbewehrten Betons (Abbildung 11). Für die Entwicklung in Deutschland wurde aber Joseph Monier aus Paris bedeutsam, von Hause aus ein Gärtner, der sich aber mit dem Verstärken von Betonteilen mit eingelegten Eisenstäben oder Draht beschäftigte und der zahlreiche Patente erwarb, so auch 1881 in Deutschland beim Kaiserlichem Patentamt in Berlin.

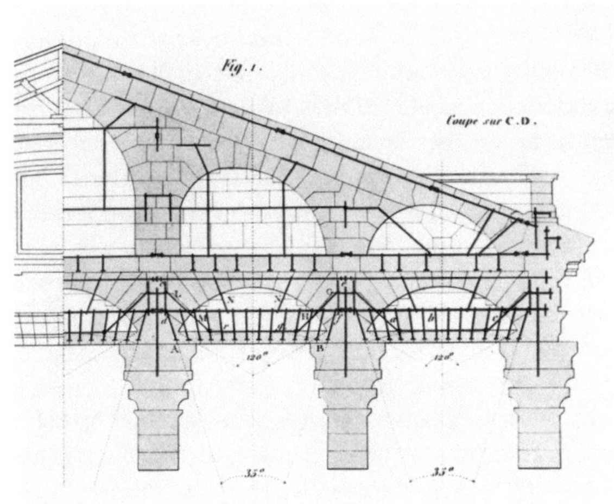

Abb. 10: Bewehrtes Mauerwerk beim Panthéon in Paris, um 1770, [4]

Zwei deutsche Bauunternehmer, Conrad Freytag aus Neustadt a. d. Haardt und Gustav Adolf Wayss aus Frankfurt a. M., kamen 1884/85 unabhängig voneinander mit Monier'schen Demonstrationsbauten in Berührung. Sie einigten sich alsbald mit Monier in Paris und auch untereinander über die Nutzung des deutschen Patents. C. Freytag wirkte von seinem Neustadter Unternehmen Freytag & Heidschuch aus vorwiegend in Süddeutschland, während G. A. Wayss von Frankfurt nach Berlin ging und dort die Baufirma G. A. Wayss & Co. gründete. Dort kam Wayss bei seinen Akquisitionsbemühungen auf der Baustelle des neuen Reichstagsgebäudes mit dem Regierungsbaumeister Matthias Koenen in Kontakt, einem hervorragend ausgebildeten Ingenieur mit wissenschaftlichem Scharfsinn, der die Errichtung des Rohbaus leitete. Nach dem Ausräumen anfänglicher Bedenken war Koenen von der Zukunftsträchtigkeit der neuen Bauweise überzeugt, und es kam zu einer fruchtbaren Zusammenarbeit mit Wayss.

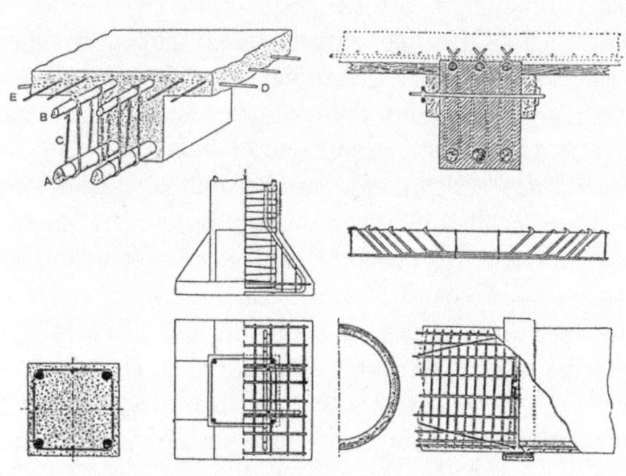

Abb. 11: Zeichnungen aus dem englischen Patent von François Coignet aus dem Jahre 1854, [5]

Allerdings gab es in jenen Jahren bei der Einführung der neuen Eisenbetonbauweise fast unüberwindbare Schwierigkeiten. Für größere Bauten im Brücken- und Hochbau war der Eisenbau seit langem fest etabliert, und die Genehmigung von Bauvorhaben durch die Baupolizei erfolgte bereits auf der Grundlage technischer Vorschriften. Für den Einsatz von bewehrtem Beton fehlte aber noch jegliche entsprechende Basis. Dies veranlasste Wayss, mit Beratung durch Koenen und mit Unterstützung aus Neustadt durch Freytag ein umfangreiches Versuchsprogramm in Gegenwart namhafter Fachleute und Baubeamten durchzuführen. Die sehr positiven Ergebnisse veröffentlichte Wayss in der sogenannten Monier-Broschüre, einem Buch, das er in 10.000 Exemplaren kostenlos in der Fachwelt verteilte. Als der Rohbau des Reichtags fertiggestellt war, schied Koenen aus dem Staatsdienst aus und trat in das Wayss'sche Unternehmen ein. In den Folgejahren kam es hier allerdings zeitweise zu wirtschaftlichen und wohl auch persönlichen Problemen. Wayss verließ sein Berliner Unternehmen und wurde Teilhaber in dem Neustadter Unternehmen von C. Freytag, das ab 1893 als OHG mit dem Namen Wayss & Freytag firmierte. Koenen führte das Berliner Unternehmen als Beton- und Monierbau AG weiter.

Abb. 12: Brücke an der Isarlust, errichtet 1898 in München durch Wayss & Freytag (Wayss & Freytag: Brückenbauten. Stadtarchiv Neustadt a. d. Wstr.)

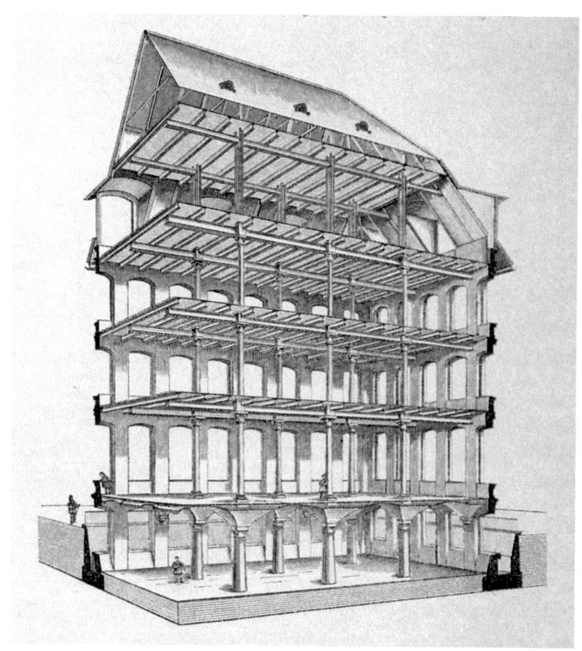

Abb. 13: Darstellung eines Lagerhauses in der Monier-Broschüre, [6]

Immerhin gelang es schon vor 1900, einige beachtliche Bauwerke zu errichten. Ein Beispiel ist die Brücke an der Isarlust in München, deren schlanke, 37 m weit gespannte Korbbögen Wayss & Freytag 1898 erbaute (Abbildung 12). Die konstruktive Ausbildung von Hochbauten folgte jedoch noch sehr traditionellen Vorstellungen, wie eine entsprechende Abbildung in der Monier-Broschüre verdeutlicht (Abbildung 13): Beton wird hier nur für Fundamente, Wände und die gewölbte Kellerdecke eingesetzt. Die Geschossdecken bestehen aus Betonplatten von geringer Spannweite, die auf einem engmaschigen Rost aus Eisenträgern aufliegen. Einen durchschlagenden

Fortschritt brachte dann aber in den Jahren um 1900 erneut ein Impuls aus Frankreich: Hier hatte François Hennebique die sogenannte monolithische Bauweise entwickelt (Abbildung 14). Das „System Hennebique", bei dem Stützen, Balken und Deckenplatten unmittelbar verbunden sozusagen wie „aus einen Guss" hergestellt wurden, brachte die dem Eisenbeton eigentlich gemäße Strukturausbildung. Eduard Züblin gründete 1898 eine Bauunternehmung in Straßburg, übernahm eine General-Agentur für das „System Hennebique" und kam damit auf den deutschen Markt.

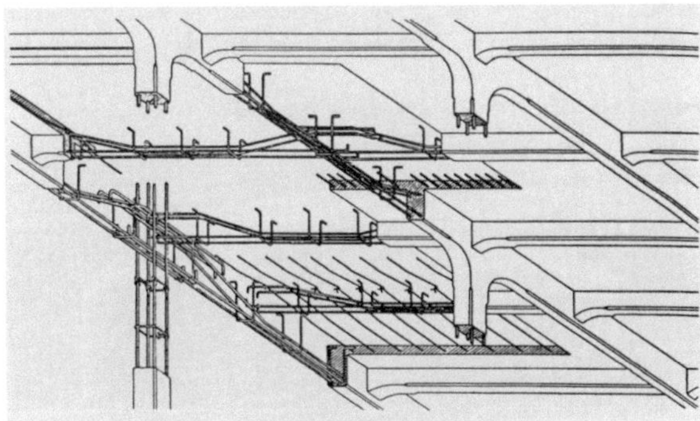

Abb. 14: Das „System Hennebique", [7]

C. Freytag war sich bewusst, dass die Eisenbetonbauweise nur durchzusetzen war, wenn entsprechende wissenschaftliche Grundlagen geschaffen wurden. Es gelang ihm 1901, zu diesem Ziel einen überaus fähigen jungen Ingenieur, Emil Mörsch, aus dem Württembergischen Staatsdienst für das Neustadter Unternehmen Wayss & Freytag zu gewinnen. Mörsch sollte sich neben der Leitung des technischen Büros insbesondere der notwendigen wissenschaftlichen Forschung widmen. Mörsch ging mit Hochdruck und, wie sich erweisen sollte, überaus erfolgreich an diese Aufgabe heran. Dies wird u. a. belegt durch die 1904 fertiggestellte Isarbrücke bei Grünwald, die mit ihren zwei 70 m weit gespannten Bögen damals großes Aufsehen erregte (Abbildung 15). Man muss sich vor Augen halten, dass bis zu diesem Zeitpunkt noch keine Vorschriften für Eisenbeton existierten.

In den folgenden Jahren vollzog sich dann der endgültige Durchbruch der Eisenbetonbauweise, nachdem erste Richtlinien und Normen geschaffen wurden, dies in Deutschland unter Mitwirkung von Koenen und Mörsch. Der 1907 gegründete Deutsche Ausschuss für Eisenbeton trug wesentlich dazu bei. (Der Wechsel von der Bezeichnung „Eisenbeton" zu „Stahlbeton" erfolgte erst Mitte des 20. Jh.). Zwei Beispiele des Brückenbaus sollen die hervorragende Leistungsfähigkeit der Bauweise herausstellen: Mit dem Bau des bis heute bewunderten Langwieser Viadukts im Zuge der Chur-Arosa-Bahn vollbrachte die Fa. Züblin 1912-1914 und ihr entwerfender Ingenieur Hermann Schürch eine Großtat des damaligen Eisenbetonbaus. Zwei getrennte, leicht gegeneinander geneigte Bögen sind durch Querriegel miteinander verbunden. Bei einer Pfeilhöhe von 42 m beträgt die Bogenspannweite 100 m. Die Saginatobelbrücke in Graubünden, die von Robert Maillart entworfen und 1930 gebaut wurde, besitzt einen weltweit anerkannten Ruf als Musterbeispiel für exzellente Gestaltung, bei der Funktion und Form sich symbiotisch ergänzen (Abbildung 17).

Abb. 15: Isarbrücke bei Grünwald von 1904 (Alte Ansichtskarte)

Abb. 16: Langwieser Viadukt im Zuge der Chur-Arosa-Bahn (1912-1914 durch Züblin)

Abb. 17: Saginatobelbrücke in Graubünden (Schweiz), 1930 durch Robert Maillart, 90 m Spannweite, [9]

Kuppel- und Schalenbauwerke belegten in überzeugender Weise die neuen Möglichkeiten, die der frei formbare Eisenbeton mit sich brachte. Schon 1916-1917 erbaute die dänische Firma Christiani und Nielsen während des I. Weltkriegs in Reval (heute Tallinn in Estland) einen Wasserflugzeug-Hangar, bestehend aus drei aneinander grenzenden Kugelschalen mit Durchmessern von mehr als 30 m (Abbildungen 18 und 19). Die Konzeption dieses Bauwerks mit den an den freien Rändern anschließenden Zylinderschalen und den unterstützenden Streben war ihrer Zeit weit voraus. Nach sorgfältiger Restaurierung beherbergt der Hangar heute ein Meeresmuseum.

Abb. 18: Wasserflugzeug-Hangar in Tallinn (Estland), errichtet 1916-1917. Außenansicht nach der Fertigstellung (baltische-rundschau.eu /2012/05/neues-meeresmuseum-in-hostorischem-hangar-in-tallinn-eröffnet)

Abb. 19: Wasserflugzeug-Hangar in Tallinn (Estland). Heutige Innenansicht mit den Exponaten des Meeresmuseums (bei google unter: MM_3d_inter_2)

Die Jahrhunderthalle in Breslau (heute Wrocław in Polen) entstand 1913 aus Anlass der hundertsten Wiederkehr der Völkerschlacht bei Leipzig (Abbildungen 20 und 21). Das kühne Kuppelbauwerk wurde von der Dresdner Niederlassung der Dyckerhoff & Widmann AG errichtet und übertraf mit seinem Durchmesser von 65 m nach rund 1800 Jahren erstmals die massiven Kuppelbauten der Antike. Nach sorgfältiger Restaurierung ist die Halle heute als Weltkulturerbe anerkannt.

Abb. 20: Jahrhunderthalle in Breslau von 1913. Außenansicht (Alte Ansichtskarte)

Abb. 21: Jahrhunderthalle in Breslau. Heutige Innenansicht (Aufnahme des Autors)

Die Großmarkthalle in Leip3zig wurde mit zwei Vieleckkuppeln aus Seqmenten von Tonnenschalen mit zwischengeschalteten Rippen von Franz Dischinger entworfen und 1928/29 erbaut (Abbildung 22). Die beiden Kuppeln überspannten bis zu ihrem Fußring jeweils eine Stützweite von fast 66 m, wobei durch die Schrägstellung der darunter stehenden Stützen die lichte Weite noch auf rund 75 m vergrößert wurde. Das Bauwerk wurde vor kurzem als Historisches Wahrzeichen der Ingenieurbaukunst in Deutschland ausgezeichnet.

Abb. 22: Großmarkthalle in Leipzig von 1928/29, [10]

Robert Maillart war der Schöpfer der Zementhalle für die Schweizerische Landesausstellung von 1939 in Zürich (Abbildung 23). Ziel dieses Projektes war, mit diesem nur 6 cm dicken Schalenbauwerk mit komplexer Tragwirkung die enorme Leistungsfähigkeit und Gestaltungsmöglichkeit von Schalenkonstruktionen aus Eisenbeton zu demonstrieren. Das Bauwerk wurde nach Beendigung der Ausstellung und Durchführung von Belastungsversuchen leider wieder abgetragen.

Abb. 23: Zementhalle auf der Schweizerischen Landesausstellung 1939 in Zürich, entworfen von Robert Maillart, [9]

Die Rippenkuppel des kleinen Sportpalastes in Rom von 1957 hat einen Durchmesser von 60 m. Sie wurde von Pier Luigi Nervi entworfen (Abbildung 24). Das feine Netz der sich kreuzenden Rippen genügt hohen ästhetischen Ansprüchen.

Abb. 24: Kuppel des kleinen Sportpalastes in Rom von 1957, entworfen von Pier Luigi Nervi, [11]

Der Schweizer Ingenieur Heinz Isler ging mit seinen freigeformten Stahlbetonschalen, die keiner regelmäßigen geometrischen Form mehr folgen, noch einen Schritt weiter. Abbildung 25 zeigt die Überdachung des Freilufttheaters in Grötzingen bei Stuttgart aus dem Jahr 1977 und veranschaulicht die Kühnheit, aber auch die Schönheit von Islers Schalenentwürfen.

Abb. 25: Freilufttheater in Grötzingen bei Stuttgart, freigeformte Stahlbetonschale von Heinz Isler aus dem Jahre 1977, [14]

Abb. 26: Freivorbau der vorgespannten Nibelungenbrücke über den Rhein bei Worms, Spannweite 114,2 m, [12]

Der Gedanke, die Rissbildung in Zugzonen von Eisenbetonbauteilen durch Überdrücken mittels Vorspannung zu vermeiden und damit die Dauerhaftigkeit und Steifigkeit zu verbessern, entstand bereits Ende des 19. Jh. Alle praktischen Versuche hatten jedoch zunächst keinen Erfolg. Erst als Eugène Freyssinet nach 1910 das Ausmaß der Langzeitverformungen Kriechen und Schwinden des Betons erforschte und erkannte, dass zum Vorspannen hochfester Stahl eingesetzt werden musste, damit nach dem Abklingen dieser Verformungen noch genügend Vorspannung übrig blieb, konnte der beabsichtigte Erfolg eintreten. Vor dem II. Weltkrieg entstanden in

Deutschland nur noch einzelne, meist kleinere Brücken aus vorgespanntem Beton. Nach dem Kriegsende erfolgte aber dann während der Zeit des Wiederaufbaus der Durchbruch der Spannbetonbauweise. Die Nibelungenbrücke in Worms (Abbildung 26) war, als sie 1952/53 über den Rhein erbaut wurde, ein ausgesprochenes Prestigeprojekt, war doch bis dahin der Bau solcher Großbrücken eine Domäne des Stahlbaus. Die Wormser Brücke wurde nicht nur abschnittsweise vorgespannt, sondern auch im Freivorbau errichtet. Die Bauausführung erfolgte durch die Fa. Dyckerhoff & Widmann AG nach einem Entwurf von Ulrich Finsterwalder.

Abschließend sollen zwei von Christian Menn entworfene Brückenaus jüngerer Zeit herausstellen, wie sich Funktion und Form in einer hervorragenden Gestaltung zu einem Ingenieurkunstwerk zusammenfinden können: die Ganterbrücke im Zuge der Simplonstraße (Abbildung 27) und die Sunnibergbrücke bei Klosters (Abbildung 28). Beide Brücken beeindrucken durch ihre Eleganz und die gekonnte Einfügung in die Gebirgslandschaft.

Abb. 27: Ganterbrücke im Zuge der Simplonstraße von 1980, Entwurf von Christian Menn, [13]

Abb. 28: Sunnibergbrücke bei Klosters von 1999, Entwurf von Christian Menn (https://pp.auburn.edu/heinmic/concreteHistorg/images/Large/ChristianMenn, Sunniberg Bridge.jpg)

Literatur

[1] Lamprecht, H.-O.: Opus Caementitium, Bautechnik der Römer. Beton-Verlag, Düsseldorf, 1985.

[2] Stierlin, H.: Imperium Romanum, Bd. 1. Benedikt Taschen Verlag GmbH, Köln, 1996.

[3] Klaas, G. v.: Weit spannt sich der Bogen. Die Geschichte der Bauunternehmung Dyckerhoff & Widmann. Verlag für Wirtschaftspublizistik H. Bartels AG, Wiesbaden, 1965.

[4] Rondelet, J.: Traité théoretique et pratique de l'art de bâtir. Planches, dixième édition, Paris, 1843. Reprint: Instituto Juan de Herrera, Madrid, 2001.

[5] Kind-Barkausas, F. u. a.: Beton Atlas, Entwerfen mit Stahlbeton im Hochbau. Beton-Verlag, Düsseldorf, 1995.

[6] Das System Monier (Eisengerippe mit Cementumhüllung) in seiner Anwendung auf das gesamte Bauwesen. Unter Mitwirkung namhafter Architekten und Ingenieure herausgegeben von G. A. Wayss, Ingenieur, Inhaber des Patents „Monier", Berlin, 1887.

[7] Herzog, M.: 150 Jahre Stahlbetonbau (1848-1998). Bautechnik Spezial, Ernst & Sohn, Verlag für Architektur und technische Wissenschaften, Berlin, 1999.

[8] Marti, P., Monsch, O. und Laffranchi, M.: Schweizer Eisenbahnbrücken. vdf Hochschulverlag AG an der ETH Zürich, 2001.

[9] Billington, D. P.: Robert Maillart und die Kunst des Stahlbetonbaus. Verlag für Architektur Artemis, Zürich und München, 1990

[10] Ricken, H.: Der Bauingenieur, Geschichte eines Berufes. Verlag für Bauwesen, Berlin, 1994.

[11] Billington, D. P.: Der Turm und die Brücke. Wilhelm Ernst & Sohn, Verlag für Architektur und technische Wissenschaften GmbH & Co. KG, Berlin, 2014.

[12] Wittfoht, H.: Triumpf der Spannweiten. Vom Holzsteg zur Spannbetonbrücke. Beton-Verlag GmbH, Düsseldorf, 1972.

[13] Vogel, Th. und Marti, P. (Hrsg.): Christian Menn, Brückenbauer. Gesellschaft für Ingenieurbaukunst. Birkhäuser Verlag, Basel, 1997.

[14] Walter, R.: Bauen mit Beton. Einführung für Architekten und Bauingenieure. Ernst & Sohn, Berlin, 1997.

[15] Ramm, W.: Über die faszinierende Geschichte des Betonbaus vom Beginn bis zur Zeit nach dem II. Weltkrieg. In: Gebaute Visionen, 100 Jahre Deutscher Ausschuss für Stahlbeton 1907-2007. Beuth-Verlag GmbH, Berlin, 2007.

[16] Ramm, W.: Über die Anfänge des Eisenbetonbaus in Deutschland und die Pioniere der ersten Jahre. Beton- und Stahlbetonbau 107 (2012), Heft 5, S. 335-356.

[17] Huberti, G.: Die erneuerte Bauweise. Teil B in "Vom Caementum zum Spannbeton", Band I. Bauvelag GmbH, Wiesbaden - Berlin, 1964.

Autor

Prof. em. Dr.-Ing. Wieland Ramm
Fachgebiet Massivbau und Baukonstruktion
Technische Universität Kaiserslautern
Paul-Ehrlich-Straße Gebäude 14
67663 Kaiserslautern

Herausfordernde Gestaltung – Das Städel Museum in Frankfurt am Main: Formfindung und technische Umsetzung einer Decke für einen unterirdischen Museumsbau

Michael Schumacher, Kai Otto und Ragunath Vasudevan

Zusammenfassung

Dieser Text beschreibt die komplexen geometrischen Aspekte der Planungs- und Bauphase der Erweiterung des Städel Museums in Frankfurt. Der neue Ausstellungsraum liegt unterhalb des Städel-Gartens und ist durch ein elegant geschwungenes Dach mit 195 Oberlichtern bedeckt. Das Projekt ist das Ergebnis einer engen Zusammenarbeit zwischen den beteiligten Architekten und Ingenieuren. Für die Architektur, die Struktur, die Geometrie und die Fertigung wurden digitale Modelle benutzt. Parametrische Instrumente wurden während des gesamten Prozesses - ab der frühen Entwurfsphase bis hin zur Kollisionserkennung und der Herstellung von Betonformen - eingesetzt.

1 Einführung

1815 hatte der Frankfurter Bürger Johann Friedrich Städel in seinem Testament seine „beträchtliche Sammlung von Gemälden, Kupferstichen und Kunstsachen nebst [seinem] gesammten dereinsten zurücklassenden Vermögen der Stiftung eines besonderen, für sich bestehenden und [seinen] Namen führenden Kunstinstituts zum Besten hiesiger Stadt und Bürgerschaft" gewidmet und legte damit den Grundstein für eines der ältesten Kunstmuseen in Deutschland: das Städelsche Kunstinstitut.

Abb. 1: Blick auf die Erweiterung des Städel Museums, Frankfurt/Main. Fotograf: Norbert Miguletz.

Im Herbst 2007 hatte das Städel Museum einen Wettbewerb zur Erweiterung des Museums ausgelobt, zu dem acht angesehene deutsche und internationale Architekturbüros geladen wurden. Eine internationale Jury kürte im Februar 2008 den Entwurf unseres Büros, schneider+schumacher, zum Sieger.

Der Neubau schließt sich an den zu Beginn des 20. Jahrhunderts entstandenen Gartenflügel, den ersten Erweiterungsbau des 1878 am Schaumainkai fertiggestellten Museumsgebäudes, an. Im Gegensatz zu den bisherigen Erweiterungen wurde der neue Museumsanbau allerdings nicht oberirdisch realisiert, vielmehr platzierten wir die großzügige neue Museumshalle unter dem Städel-Garten.

Das Gebäude wird über eine zentrale Achse vom Haupteingang auf der Mainseite erschlossen. Durch das Öffnen der beiden Bogenfelder rechts und links der Treppe im Hauptfoyer gelangt der Besucher auf das Niveau des Alten Foyers. Von hier führt eine Treppe in den unter dem Garten gelegenen, 3.000 Quadratmeter großen Erweiterungsbau. Der Innenraum der sogenannten Gartenhallen wird durch seine elegant geschwungene, leicht wirkende Decke charakterisiert, die ihn auf nur 12 Stützen ruhend frei überspannt. Von außen definiert die begrünte und begehbare kuppelartige Aufwölbung den Garten neu und schafft ein architektonisches Markenzeichen. „Frankfurt erhält nicht nur ein besonderes, ein einzigartiges neues Ausstellungsgebäude", befand die Wettbewerbsjury, „sondern darüber hinaus eines, das als ‚Green Building' auf der Höhe seiner Zeit ist." In den lichten, großzügigen Gartenhallen findet der Sammlungsbereich der Gegenwartskunst sein neues Zuhause.

2 Architektur der Erweiterung

Seit das erste Gebäude im Jahre 1878 erbaut wurde, hat das Museum mehrere Erweiterungen erfahren. Die zweite Erweiterung im Jahr 1921 betonte die zentrale Achse und die dritte im Jahr 1990 hatte den Garten zwischen der Städelschule und dem Städel Museum eingeschlossen. Vor diesem Hintergrund erschien es nur natürlich, das bewährte Prinzip aufzugreifen und das Raumkontinuum entlang der zentralen Achse über das Alte Foyer in die neuen Sammlungsräume zu erweitern. Die Lösung, die neue Erweiterung unter dem Garten zu platzieren, ermöglichte die Erhaltung des Gartens ohne dabei die außenräumlichen Qualitäten in Gefahr zu bringen und schuf zugleich ein Wahrzeichen für die Stadt Frankfurt.

Die Folgen einer unterirdischen Erweiterung waren jedoch komplex. Eine der ersten Fragen war die Einbringung von Tageslicht in die Ausstellungsräume. Dies wurde mithilfe eines „Teppichs" von kreisförmigen Oberlichtern gelöst. Die 195 Oberlichter - je mit einem Durchmesser von 1,5 bis 2,5 Metern - versorgen die Gartenhalle mit natürlichem Licht. Sie breiten sich als einprägsames Muster über die Deckenfläche aus und bilden auch oberirdisch ein faszinierendes Muster. Die Decke ist nicht flach, sondern hat anstelle einer Flachdecke eine Schalenform mit einer mittigen Erhebung. Daher war es kompliziert, kreisrunde Öffnungen auf die Oberfläche zu setzen, die trotz Krümmung der Fläche Kreise bleiben. Dies forderte eine Korrelation zwischen der ursprünglichen Oberfläche der Dachgeometrie und den Verformungen, die durch die Öffnungen in der Fläche produziert wurden.

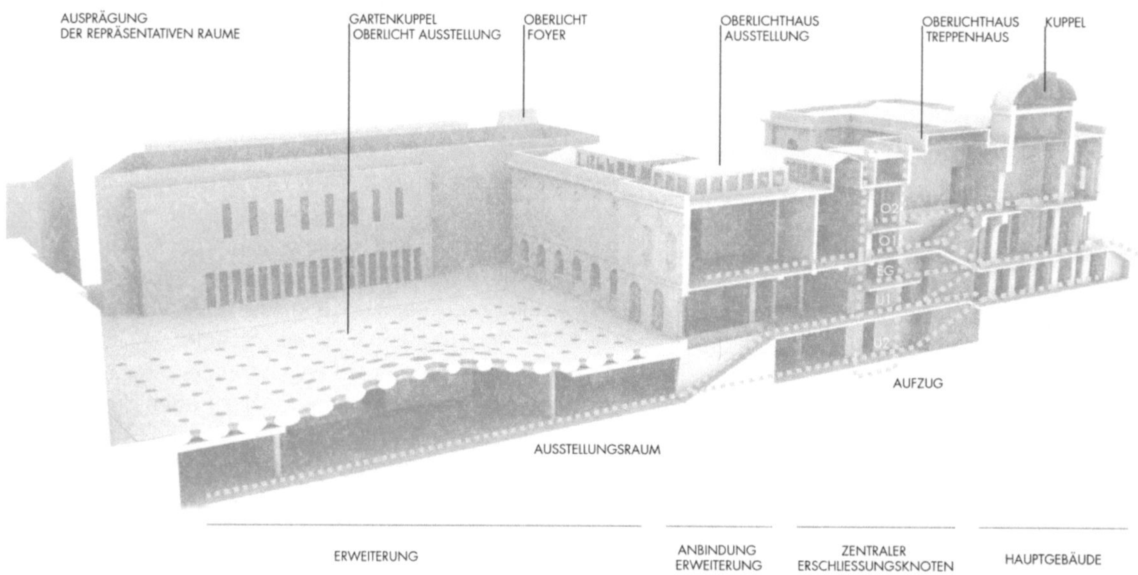

Abb. 2: Schnitt durch das Städel Museum. Plan: schneider+schumacher.

3 Die Dachgeometrie

Die Dachgeometrie stellt sich als eine rechteckige Fläche mit einer sanften, mittigen Erhebung dar. Diese Form wird erzeugt, indem eine Kugel von unten durch eine ebene Fläche drückt. Die Herstellung einer solchen Form ist durch ein physikalisches Modell möglich. Ein Material wird entweder durch subtraktive Verfahren gebildet oder das Material selbst berechnet die Form (wie ein hängendes Kettenmodell), während sie externen Kräften ausgesetzt ist. Um den sanften Übergang zwischen der rechteckigen Umgrenzung und der kreisförmigen Mitte in ein digitales Modell zu bekommen, wurde die Geometrie als eine Punktwolke beschrieben, die aus einer digitale Simulation der Materialverformung unter externen Kräften entstand.

Die ursprünglichen architektonischen Ansätze haben die Rahmenbedingungen, in denen der Formfindungsprozess entstand, definiert. Daher wurde die Form nicht nur in Hinblick auf das Tragwerk optimiert, sondern auch innerhalb der Gestaltungsbegrenzungen der Architektur weiterentwickelt.

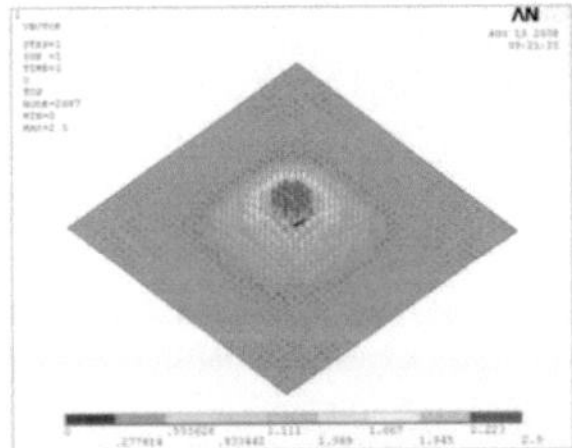
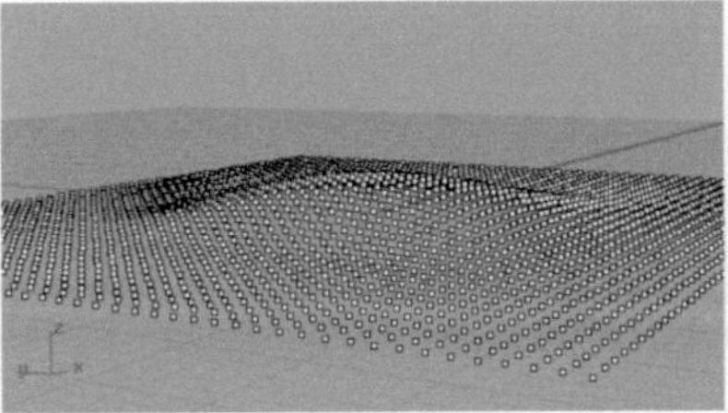
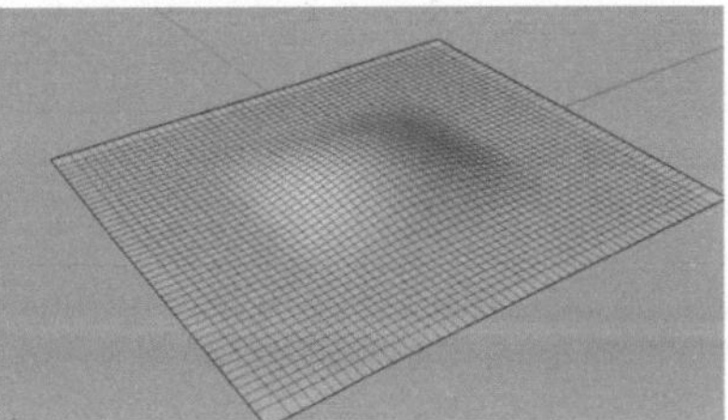

Abb. 3: Entwicklung der Basisgeometrie. Plan: Bollinger+Grohmann.

4 Auseinandersetzung architektonischer und struktureller Form

Aufgrund der architektonischen Zielsetzung, einen weichen Übergang von den flachen Bereichen des Daches hin zu den zentralen, schalenförmigen Bereichen zu schaffen, formt der Querschnitt des Daches einen Bogen, der am Endpunkt in einen horizontalen Verlauf übergeht. Dieser Querschnitt ist jedoch hinsichtlich des Tragwerks für eine Schalenform ungünstig, da der Verlauf von einer tragwerksoptimalen Kettenlinie abweicht. Die kritischen Bereiche befinden sich an den Punkten, an denen die Wölbung in einen flachen Verlauf übergeht. Weil dieser Querschnitt suboptimal für das strukturelle Verhalten einer Schalenform ist, wurde er durch eine zweite Querschnittskurve überlagert. Dadurch ist das Dach so aufgebaut, dass der Tragwerksquerschnitt innerhalb des architektonischen Querschnitts eingebunden ist. Mithilfe eines computergestützten 3D-Modells wurde eine Kollisionsprüfung der beiden Kurven durchgeführt, um die Tragwerkskurve innerhalb der architektonisch definierten Begrenzungen zu definieren.

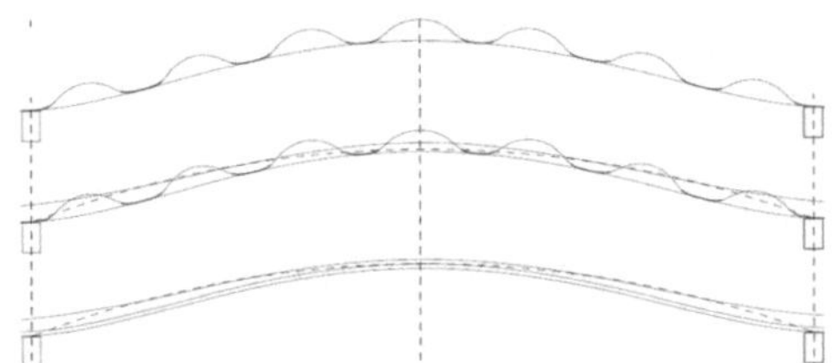

Abb. 4: Vergleich zwischen der Tragwerkskurve (gestrichelte, schwarze Linie) und der architektonischen Form (rote Linie). Plan: Bollinger+Grohmann.

Die geometrische Beschreibung des Daches und der Deckengeometrie wurde während des Design-Prozesses entwickelt. Jede neue Phase brachte neue technischen Fragen und eine wachsende Zahl von Abhängigkeiten mit sich. Eine präzise geometrische Beschreibung im 3D-Modell sorgte dafür, den Planungsprozess im Lauf dieser Entwicklungen zu kontrollieren und gegebenenfalls zu optimieren. Die erste Beschreibung der Dachgeometrie wurde über eine NURBS (Non-Uniform Rational B-Spline) Fläche vollzogen. Die Oberlichter wurden dann in diese Fläche projiziert. Um die Oberlichter als Kreise darzustellen, war es notwendig, die Ausschnitte mithilfe von Flächennormalen zu projektieren und dabei an die Fläche anzupassen. Die Flächennormalen an den Zentrumspunkten der Kreise waren gleichzeitig die Drehachsen für die Kreise und wurden verwendet, um die Kreise richtig auf die Flächen zu projizieren.

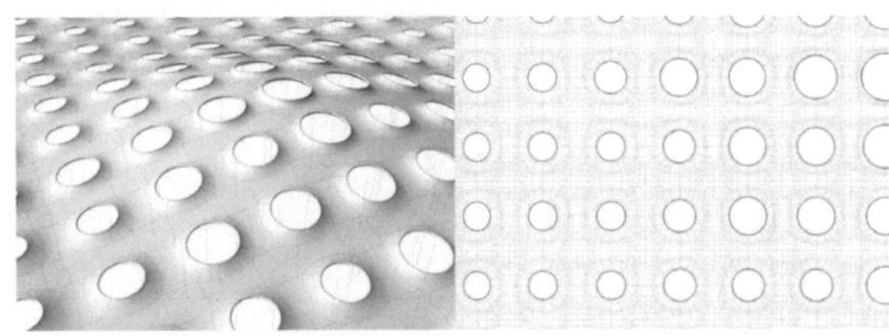

Abb. 5: Entwicklung der Dachfläche, mit den Oberlichtern. Rechte Seite: Kontrollpunkt basierte Verformung. Plan: Bollinger+Grohmann.

Eine dichte Punktwolke auf einer Referenzfläche wurde benutzt, um die Verformung in den Kreisen zu kontrollieren. Die Referenzfläche wurde dadurch zu einer Fläche, die durch eine große, mittige Verformung und mehrere kleinere Verformungen dargestellt werden kann. Diese kontinuierliche Fläche musste dann in Betonschalen- und Oberlichtsegmente getrennt werden. Die Flächenberechnung und -darstellung war ausreichend, um in der Wettbewerbsphase die Idee darzustellen, jedoch war sie für die Produktion zu unpräzise. Es wäre unmöglich gewesen, die Oberlichter als perfekte Kreise darzustellen. Zugleich wäre der sanfte Verlauf zwischen Deckensegmenten und Oberlichtern zu ungenau gewesen.

5 Der neue Ansatz als Füllfläche

Während der Ausführungsphase war die Kontrollpunkt-basierte Verformung nicht mehr ausreichend, um die Dachfläche zu definieren. Es gab Unstimmigkeiten, die bei der Ausführung problematisch gewesen wären. Es war deswegen notwendig, die Fläche mit einem anderen Ansatz zu definieren. Eine Dachfläche in Beton konnte auch nur mit einer CNC-gefrästen Schalung gegossen werden. Dazu war es unumgänglich, die Fläche genauer zu modellieren und in Teilabschnitte zu unterteilen, um im Gussprozess der Decke, kleinere Frässegmente nutzen zu können. Aufgrund dieser Faktoren lag die optimale Lösung in einer NURBS-Füllfläche.

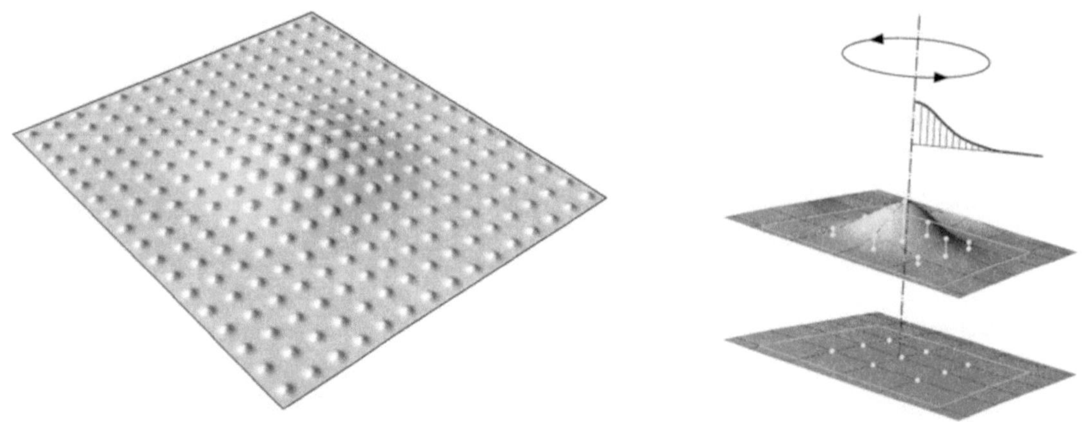

Abb. 6: Entwicklung der Dachfläche als Füllflächenansatz, mit den Oberlichtern. Plan: schneider+schumacher.

Zuerst wurden die Kreise nach den Flächennormalen orientiert und jeweils ein Kreis mit gleichem Mittelpunkt aber größerem Durchmesser auf die Fläche projiziert. Diese Kreise definierten die Form der Oberlichter. Zudem wurden einige Zwischenkreise eingefügt, um die Form der Oberlichter und deren Öffnungen zu kontrollieren. Die projizierten Kreise wurden dann als Schnittkurve verwendet, um die Öffnungen in die Basisdeckenfläche zu schneiden.

Abb. 7: Darstellung der Zugseile während der Bauphase. Fotografin: Laura Padgett.

Der Nachteil dieser Variante bestand darin, dass die Zwischenflächen flacher wurden. Dadurch waren die Übergangsflächen zwischen den Öffnungen nicht sanft genug. Um diese Unstimmigkeit zu lösen, wurde eine Art „Digitales Spachteln" an der Geometrie vorgenommen. Die gesamte Deckenfläche wurde in ein quadratisches, gleichmäßiges Raster aufgeteilt und der obere Kreis wurde an den Flächennormalen auf den Mittelpunkt des jeweiligen Quadrats gesetzt. Jede quadratisch aufgeteilte Fläche wurde dann anhand der Normalen am Kreuzungspunkt des Rasters und dem orientierten Kreis neu definiert. Damit die Kreise 2D-Kreise blieben, wurde sie aus mehreren Teilen zusammengesetzt, sodass sie Kontinuität behielt (tangentiale Kontinuität, G1). Die einzelnen Oberlichter wurden dann aus acht Teilflächen zusammengesetzt und an jedem Kreuzungspunkt des Rasters in eine zusammengefügte Fläche eingebaut. Dadurch entstand ein kontinuierlicher und sanfter Verlauf. Dieser wurde dann in einer Kontinuitätsanalyse überprüft, um die Flächen final richtig aneinanderzufügen. In dieser Variante bilden die Oberlichter perfekte Kreise und gewährleistet die Kontinuität.

Abb. 8: 3D-Kollisionsprüfung der Zugseile mit der Dachgeometrie. Plan: Bollinger+Grohmann.

Die einzelnen Füllflächen vereinfachten die Tragwerksanalyse der Dachgeometrie. Es bestand somit die Möglichkeit, eine automatisierte Finite-Elemente-Analyse an den einzelnen Flächen durchzuführen und variierende Materialeigenschaften zu identifizieren, um dadurch ein optimiertes Dachvolumen zu erzeugen.

Über die Finite-Elemente-Analyse war es möglich, die Biegung des Daches zu visualisieren und die Bereiche zwischen Stützen und Rand der Dachschale in den höchsten Verformungsbereich zu optimieren. Zusätzlich wurden zu den gängigen Bewehrungen Zugseile innerhalb der Dachkuppel integriert. Sie spannen in den Zwischenräumen der Oberlichter. Die Geometrie der Zugseile wurde über ein maßgefertigtes Skript definiert. Im Idealfall folgen diese dem Moment der Kraftverteilung im Dachsystem. Es war aber notwendig, die Positionen der Zugseile mit der normalen Bewehrung und der gesamten TGA-Installationen innerhalb der Dachgeometrie abzustimmen. Alle Elemente mussten innerhalb der oberen und unteren Betonfläche des Daches liegen. Nach diesen Vorgaben hat das Skript die beste Position berechnet. Eine Kollisionsprüfung in 3D wurde ebenfalls durchgeführt, um sicherzustellen, dass die 3D-Planung der Zugseile, der Bewehrung sowie der TGA im Dach aufeinander abgestimmt waren. Das Skript hat dadurch die optimalen Koordinaten der Kräftemomente-Verteilung berechnet.

6 Die Bauphase

Die komplexen Formen, die in 3D entwickelt wurden, konnten mithilfe von GFK-laminierten CNC-gefrästen Schalungskörpern gebaut werden. Während des Entwurfsprozesses wurde die gesamte Dachfläche in mehreren Unterteilungen mithilfe des digitalen Modells hergestellt.

Abb. 9: Anlieferung der Schalungselemente mit dem Schiff. Fotograf: schneider+schumacher.

Baulich wäre es sehr schwierig gewesen, das gesamte Dach mit einer Schalung herzustellen. Da das digitale Modell bereits in mehreren Teilen vorhanden war, konnte man diese Unterteilungen für die Trennung der Schalungselemente nutzen. Wegen der Symmetrie des Daches musste dann nur ein Viertel der Schalungskörper hergestellt werden, wodurch die Kosten optimiert wurden, die in solchen komplexen Geometrien eine wichtige Rolle spielen. Das Dach wurde anschließend in fünf Abschnitten betoniert und erst als der letzte fertig wurde, war das Tragwerkssystem funktionsfähig. Bis zu diesem Zeitpunkt wurde das Dach von Holzstützen getragen.

Abb. 10: Erster und zweiter Betonierabschnitt des Daches. Fotografin: Laura Padgett.

Abb. 11: Fünfter und letzter Betonierabschnitt. Fotograf: schneider+schumacher.

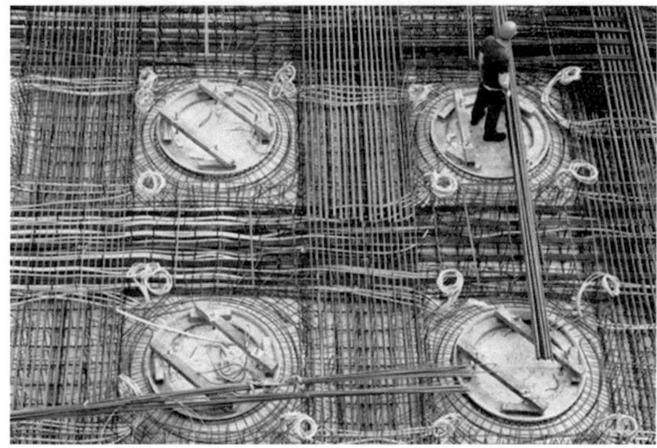

Abb. 12: Detail des Dachs. Fotografin: Laura Padgett.

7 Zusammenfassung

Der kollaborative Entwurfsprozess von Architekten und Ingenieuren (in diesem Fall schneider+schumacher und Bollinger+Grohmann) zeigt einmal mehr die Notwendigkeit von der Nutzung gemeinsamer Verfahren, Instrumente und Wissen. Das dreidimensionale digitale Modell entwickelte sich bereits aus der frühen Wettbewerbsphase und wurde bis zur Fertigstellung benutzt. Parametrische Instrumente wurden nicht nur für die unterschiedlichen Entwurfsversionen der frühen Phase, sondern auch als ein hilfreiches Werkzeug in der Bewehrungsplanung benutzt. Das Spektrum reichte dabei von den Zeichnungen bis hin zu Kollisionserkennungen und Datenaustausch, von maßgeschneiderten Skripten und parametrischen Aufbauten. Die normale BIM-Software ist zu dieser Leistung nicht in der Lage. Die Gestalt von speziellen Gebäuden, wie der Erweiterung des Städel Museums, erfordert den Aufbau eines besonderen Entwurfsprozesses sowie einen Arbeitsablauf (vom Entwurf bis zur Fertigstellung) mit Spezialwerkzeugen.

Die komplexe Geometrie wurde mithilfe digitaler Werkzeuge in einfacher benutzbare Daten übertragen, wodurch der Informationstransfer zwischen Architekten, Ingenieuren und Bauunternehmen vereinfacht und optimiert wurde.

Abb. 13: Blick in den Museumsraum der Erweiterung. Fotografin: Kirsten Bucher.

8 Autoren

Prof. Dipl.-Ing. Michael Schumacher
Dipl.-Ing. Kai Otto
M.A. (AAD) Ragunath Vasudevan
schneider + schumacher Planungsgesellschaft mbH
Poststraße 20A
60329 Frankfurt am Main

Anforderungen an die Konstruktion des Städel Museums und deren Lösung

Klaus Bollinger

Zusammenfassung
Das im Jahre 1815 als erste bürgerliche Museumsstiftung in Deutschland gegründete Städel hat seit der Fertigstellung des Museumsgebäudes 1878 dank der konsequenten Aufstockung der Sammlungsbestände in der Vergangenheit bereits zahlreiche Erweiterungen und Modernisierungen erfahren. Um die Sammlung zeitgenössischer Kunst ihrer Qualität und Quantität entsprechend präsentieren zu können und den Anforderungen eines modernen Museumsbetriebes gerecht zu werden, wurde 2007 ein internationaler Wettbewerb ausgelobt, aus dem das Architekturbüro schneider + schumacher als Sieger hervorging. Bollinger + Grohmann waren von Beginn an dabei.

1 Idee und Konzept

Seit Bürogründung treibt uns die Leidenschaft zu guter Architektur und innovativen Konstruktionen an. Als verantwortliche Ingenieure steht für uns die Stärkung und Weiterentwicklung des jeweiligen individuellen Entwurfs im Mittelpunkt.

Abb. 1: Visualisierung Architekten / Wettbewerbsphase © schneider+schumacher

In diesem Sinne begann unsere Zusammenarbeit mit den Architekten bereits in der Wettbewerbsphase mit der Entwicklung der Konzeption für den ca. 4.000 m^2 umfassenden Erweiterungsbau. Aus der Idee der Architekten, den mit alten Bäumen bestandenen Garten zwischen Städelschule und dem Städel-Museum nicht durch einen Hochbau zu besetzten, sondern soweit wie möglich die offene Fläche inklusive des Baumbestands zu erhalten, entwickelte sich schließlich das Konzept einer unterirdischen Erweiterung.

Nun - nach Fertigstellung - erstreckt sich im Gartenhof eine zur Mitte hin aufgewölbte Rasenfläche. Sie wird durch 195 kreisrunde flache Oberlichter geprägt, die dem Erweiterungsbau eine prägende Oberfläche verleihen.

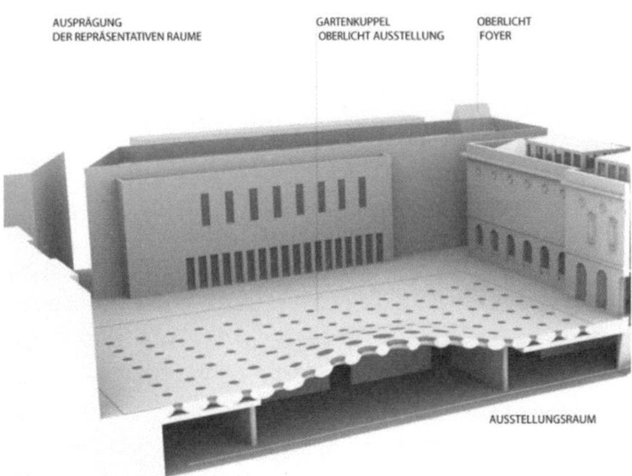

Abb. 2: Schnitt Architekturmodell © schneider+schumacher

Abb. 3: Städelerweiterung nach Fertigstellung © Norbert Miguletz

Die fast quadratische Ausstellungshalle hat eine Deckenhöhe von 6 m, die in der Kuppelwölbung auf 8 m ansteigt. Getragen wird dieser perforierte Himmel von zwölf schlanken Stahlbetonstützen und den umlaufenden Stahlbetonaußenwänden.

Der Neubau schließt sich an den Anfang des 20. Jahrhunderts entstandenen Gartenflügel an, den ersten Erweiterungsbau des 1878 am Schaumainkai fertig gestellten Museumsgebäudes. Er wird über eine Treppe in der zentralen Achse im Foyer erschlossen.

Abb. 4: Gartenhallen ©Bollinger + Grohmann

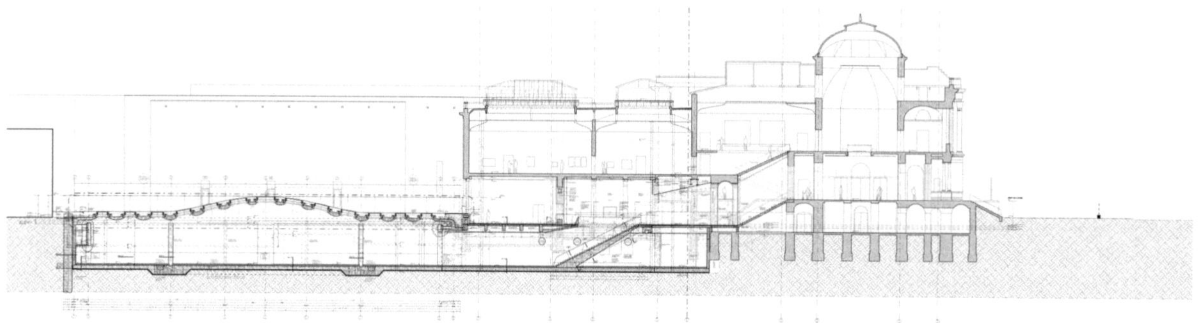

Abb. 5: Schnitt durch die Hauptachse ©schneider + schumacher

2 Formentwicklung der Deckenschale

Eine besondere Herausforderung für uns Ingenieure bestand darin, die ästhetisch minimalistischen Anforderungen der Architekten in eine ingenieurtechnisch zufriedenstellende Deckenform umzusetzen. In Zusammenarbeit mit den Architekten generierten Bollinger + Grohmann mithilfe einer Simulationssoftware ein 3D-Modell der Deckenschale. Die Großform ist an den Randbereichen horizontal ausgebildet, im Zentrum ist ein Kuppelbereich mit einem Stich von 2.26 m und einem Durchmesser von 25 m entstanden. 195 Oberlichter durchbrechen die Schale in einem regelmäßigen Raster von 3,70 m x 3,70 m. Die kreisrunden Öffnungen liegen in der Neigung der Großform. Diese besitzen am Rand eine Dicke von nur 7 cm. Die Großform mit einer unterschiedlichen Dicke von 35 cm am Rand, 55 cm über den Stützen und 35 cm im Scheitelpunkt der Kuppel wurde lokal mittels iterativer Berechnung mit einem Finite Elemente Programm an die Dicke der Öffnungen angenähert.

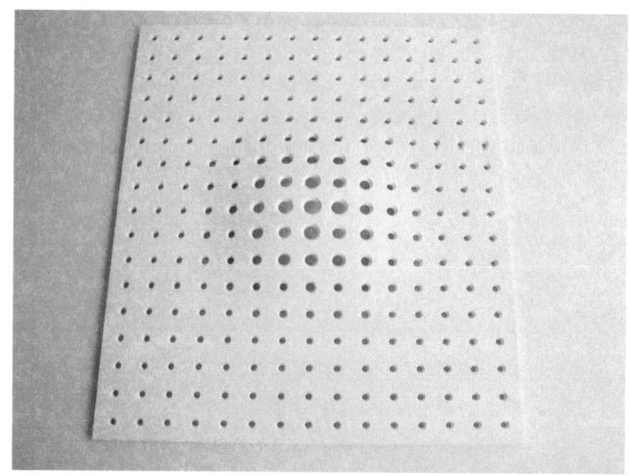

Abb. 6: 1. physisches Modell ©schneider + schumacher

Abb. 7: 1. Rechenmodell mit viereckigen Finiten Elementen mit gevouteten Decken ©Bollinger + Grohmann

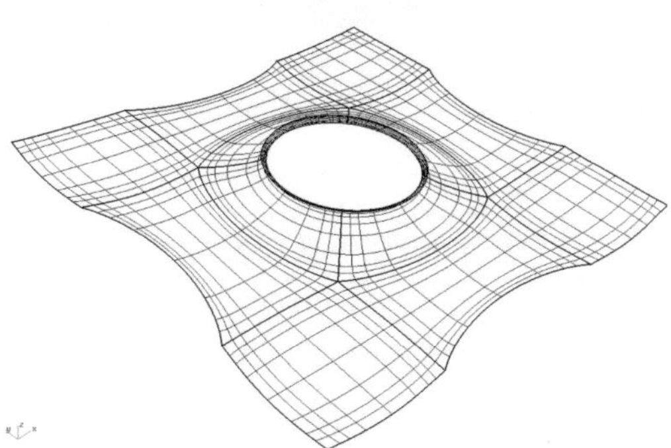

Abb. 8: Finite Elemente Darstellung zur Formfindung ©Bollinger + Grohmann

3 Tragwerk

3.1 Erweitungsbau – Gartenhallen

Das Tragwerk der Gartenhallen besteht aus einem im Erdreich liegenden, rechteckigen „Stahlbetonkasten" mit freigeformten, durchbrochenen „Deckel", der durch eine begrünte Bodenschicht abgedeckt wird, um den „Gartenbereich" für den Museumskomplex zu erhalten. Die Abmessungen des Erweiterungsbaus betragen 76 m x 52 m und 6 bis 8 m in der Höhe.

Die Dicke der Stahlbeton- / Spannbetonkonstruktion variiert von ca. 35 bis 55 cm. Um möglichst frei auf sich eventuell ändernde Nutzungsanforderungen reagieren zu können, sind im Innenbereich nur 12 Pendelstützen angeordnet, die in Leichtbauwänden integriert sind. Die 6 m hohen Stützen sind als Verbundstützen mit einem Durchmesser von 273 mm ausgeführt. Umlaufend tragen Seitenwände die Deckenlast, steifen das Bauwerk aus und bilden den Abschluss zum Erdreich. Der umlaufende, horizontale Bereich der Decke übernimmt die Horizontalkräfte aus der Kuppel. Im Bereich der hohen Stützenlasten ist die Bodenplatte umlaufend 120 cm dick. Dort werden zudem größere Zuluftkanäle und Leitungen integriert, um den Ausstellungsraum von auffälligen Belüftungselementen frei zu halten.

Abb. 9: Gartenhallen ©Helen Schiffer

3.2 Erschliessungsbereich – Gartenflügel

Das Konzept der zentralen Erschließungsachse durch den historischen Bestand bedingte eine aufwendige Unterfangung und Sicherung des Altbaus. Die massiven Bestandsfundamente liegen 4 m über dem tiefsten Fundament des Neubaus. Der Neubau schiebt sich also gewissermaßen unter den Altbau. In einem baubegleitenden Handbuch wurde detailliert beschrieben, was und wo abzureißen war.

Abb. 10: Einbau A-Bock ©Bollinger + Grohmann

Ein besonderes Augenmerk galt der Grundwassersituation, da das Städelmuseum in unmittelbarer Nähe zum Main liegt. Die Gartenhallen wurden als weiße Wanne in wasserundurchlässigem Beton in Verbindung mit einem speziellen Abdichtungskonzept ausgeführt. Wie eine 75 x 52 m große Stahlbetonkiste stehen die Ausstellungsräume im Grundwasser. Um den entsprechenden Auftrieb entgegenzuwirken, konzipierten die wir eine 50 cm starke Bodenplatte mit Rückverankerungen über Pfähle an den Stellen, an denen keine Auflasten von Wänden und Stützen vorhanden sind. Ansonsten hätte der Druck des Grundwassers die Bodenplatte nach oben gedrückt.

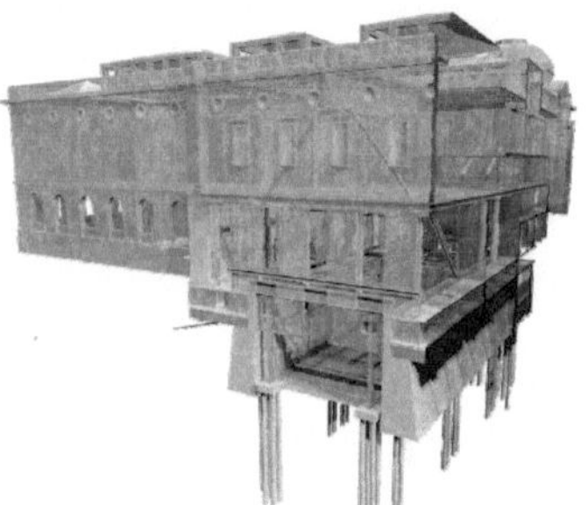

Abb. 11: Darstellung der Sicherungselemente zur Anbindung an den Altbau © Bollinger + Grohmann

Den technischen Übergang zwischen Alt- und Neubau bildet eine elastische Bewegungsfuge. Hier befindet sich die neue eingehängte Terrazzotreppe, die in die neuen Hallen herabführt. In ihrer Formgebung fügt sie sich in die symmetrische Anlage des 19 Jahrhunderts ein. Der Formfindungsprozess der Treppe wurde im Team sowohl mit Skizzen und physischen Architekturmodellen als auch mit Hilfe von parametrischen 3D-Modellen vorangetrieben.

Abb. 12: Verbindungstreppe im Rohbau © Bollinger + Grohmann

Abb. 13: Verbindungstreppe nach Fertigstellung © Norbert Miguletz

3.3 Statische Berechnung der Schalen

Die statische Berechnung erfolgte an einem Rechenmodell unter Verwendung viereckiger Finiter Elemente mit gevouteten Dicken. Die Mascheneinteilung der Finite Elemente der Statik konnte direkt aus der Mascheneinteilung der oben erwähnten Formfindung übernommen werden. Die Membrankraftanteile aus der Kuppelwirkung wurden bei der Berechnung der Schale mit Hilfe des Quad-Elementes der Software Sofistik berücksichtigt. Die Einflüsse der Vorspannung ohne Verbund wurden durch Anker- und Umlenkkräfte mit berechnet.

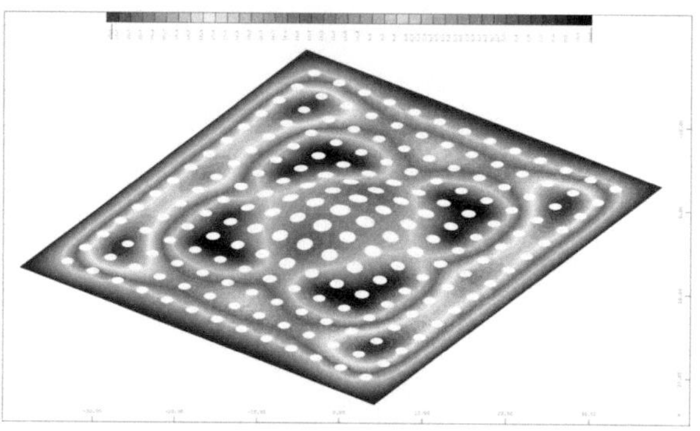

Abb. 14: Rechenmodell Sofistik © Bollinger + Grohmann

4 Ausführungsplanung und Ausführung

In Absprache mit der ausführenden Firma ergab sich Aufteilung in Schalungselemente mit einem Raster 3,70 m x 3,70 m, wobei diese durch Einteilung in vier Bauabschnitte mehrmals zum Einsatz kamen.

Die Form der Schalungselemente wurde mittels CNC-Fräsen aus großen Styrodurblöcken herausgearbeitet. Dazu wurde die jeweilige Geometrie digital an den Hersteller übergeben. Die eigentliche Schalplanung erforderte noch die Angabe der Lage- und Höhepunkte in den Ecken der Schalungselemente.

Abb. 15: Schalungselemente auf justierbaren Gerüsttürmen © Bollinger + Grohmann

47 Schalelemente wurden nacheinander in den Ecken der Dachfläche platziert. Um mit dem letzten Abschnitt die zentrale Aufwölbung betonieren zu können, waren 25 weitere Elemente notwendig, was der Form der Deckenschale und der zur Mitte hin größer werdenden Oberlichter geschuldet ist.

Die erforderliche Bewehrung wurde in Schichten entsprechend dem Bauablauf geplant:

- Einbau von Bügelmatten; untere Längsbewehrung erste Lage
- untere Längsbewehrung zweite Lage; Vorspannung ohne Verbund
- Schubzulagen im Stützenbereich
- obere Längsbewehrung erste Lage, obere Längsbewehrung zweite Lage
- Schließen der Bügelmatten von oben

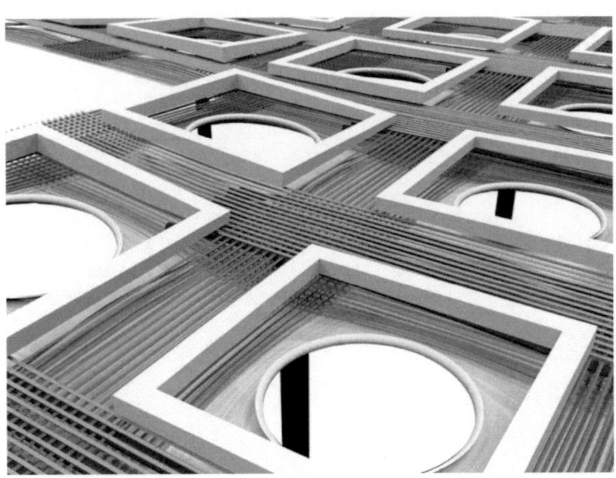

Abb. 16: Darstellung der oberen und unteren Lage der Bewehrung © Bollinger + Grohmann

Abb. 17: Obere und untere Lage der ausgeführten Bewehrung © Bollinger + Grohmann

Die Mitte der Kuppel stellte das letzte Stück im gesamten Vorgang des Betonierens dar. Nachdem der letzte Bauabschnitt mehr als 28 Tage ausgehärtet war, konnten die Randbereiche vorgespannt werden. Damit war die monolithische Tragwirkung hergestellt und die Demontage der Gerüsttürme und der während des Bauzustands hinein gestellten Baumstümpfe konnte beginnen.

Abb. 18 Baustelle, November 2011 © Bollinger + Grohmann

Abb. 19: Städelerweiterung nach seiner Fertigstellung © Städel Museum

5 Autor

Prof. Dr.-Ing. Klaus Bollinger
B+G Ingenieure Bollinger und Grohmann GmbH
Westhafenplatz 1
60327 Frankfurt am Main

Vom Stampfbeton bis zum Fließbeton – Gestaltung durch plastische Formbarkeit

Michael Haist und Harald S. Müller

Zusammenfassung

Der vorliegende Beitrag gibt einen Überblick über die Gestaltungsmöglichkeiten, die aus der plastischen Formbarkeit von Beton im frischen Zustand resultieren. Während die Methoden der statischen Bemessung von Betonbauteilen heute sehr gut verstanden werden, liegen bislang keine verlässlichen Konzepte und Methoden vor, die dem Planer die gezielte Abstimmung der Frischbetoneigenschaften auf die Schalungsgeometrie und die Anordnung von Entlüftungsöffnungen ermöglichen. Das Wissen hierüber beruht fast ausschließlich auf den praktischen Erfahrungen der Bauausführenden und hat - wenn überhaupt - nur am Rande bei der Beschreibung außergewöhnlicher Bauwerke und ggf. bei der Dokumentation von Schadensfällen Eingang in die internationale Literatur gefunden. Der vorliegende Beitrag versucht, aufbauend auf grundlagenphysikalischen Beziehungen zur Beschreibung des Fließverhaltens von Beton, typische Bauelemente in Gruppen zu klassifizieren und für diese Empfehlungen zur Wahl geeigneter Frischbetoneigenschaften zu geben. Diese Empfehlungen werden durch praktische Beispiele aus der Literatur sowie dem Erfahrungsschatz der Autoren dokumentiert.

1 Einführung

Eine zentrale Eigenschaft des Werkstoffs Beton ist seine plastische Formbarkeit, die ihm in Kombination mit seinen guten mechanischen Eigenschaften ein Alleinstellungsmerkmal im Vergleich zu nahezu allen anderen Baustoffen verleiht. Im allgemeinen Sprachgebrauch wird Beton - anders als Stahl, Holz oder Mauerwerk - „gegossen", was eine nahezu unbegrenzte Vielfalt an möglichen Formen ermöglicht. Der Begriff „Gießen" impliziert dabei, dass frischer Beton allein aufgrund einer gegebenen Höhendifferenz bis zum Niveauausgleich fließt und eine beliebige Schalungsgeometrie vollständig und lunkerfrei ausfüllt. Dieses flüssigkeitsähnliche Verhalten ist jedoch nicht immer geeignet um eine gewünschte Form fehlstellenfrei auszufüllen oder um die Oberfläche des geplanten Bauteils in der gewünschten Weise zu gestalten. Der Schlüssel zur Formgebung und Gestaltung mit dem Werkstoff Beton liegt in der gezielten Steuerbarkeit der Frischbetoneigenschaften, beispielsweise durch die Veränderung der Mischungszusammensetzung und insbesondere durch die Zugabe moderner bauchemischer Additive.

Das Alleinstellungsmerkmal der plastischen Formbarkeit stellt gleichzeitig eine der größten Herausforderungen beim Bauen mit dem Werkstoff Beton dar. Während die statische Dimensionierung selbst komplexer Bauteile heute gut mittels moderner Finite-Element-Methoden vorgenommen werden kann und durch Normen und Richtlinien geregelt ist, findet der Planer bzw. Ausführende nahezu keine geeigneten Hilfsmittel und Hinweise, die ihn bei der Abstimmung der Frischbetoneigenschaften auf komplexe Bauteilgeometrien und besondere Gestaltungsanforderungen unterstützen. Die Formfindung eines Bauwerks ist daher in ihrer entscheidenden Phase - der Bauausführung - auf Trial-and-Error-Methoden sowie auf das - nicht zu unterschätzende - Erfahrungswissen der Baubeteiligten angewiesen. Da die Ausführungsplanung und damit die Eingriffsmöglichkeiten zu diesem Zeitpunkt zumeist schon abgeschlossen sind, sieht sich der ausführende Betontechnologe häufig mit dem Dilemma konfrontiert, dass die gewählte Schalungsgeometrie, die Anordnung von Einfüllöffnungen für Beton und Entlüftungsöffnungen für austretende Luft aus der Schalung nicht mit den vorgegebenen Frisch- und Festbetoneigenschaften vereinbar sind. Dies hat häufig äußerst aufwendige Änderungsarbeiten an der Schalung und oder Anpassungen der Betonrezeptur zur Folge, die jedoch i. d. R. nur einen dem Zeitdruck geschuldeten Kompromiss darstellen und ein nur mäßig befriedigendes Betonageergebnis zulassen.

Während die frischbetontechnischen Randbedingungen bei der Herstellung typischer Bauteile wie beispielsweise lotrechte Wände gut verstanden sind, stellen geneigte bzw. gekrümmte - und hier insbesondere konkave, einfach oder doppelt gekrümmte - Bauteilgeometrien eine besondere betontechnologische Herausforderung dar. Gleiches gilt für gestaltete Oberflächen, wobei hier zwischen einer Gestaltung durch die als Matrize verwendete Schalhaut und zwischen gewollten Unregelmäßigkeiten im Beton - wie Farbschwankungen und Luftblasen bis hin zu Kiesnestern, Entmischungen und Rissen - zu unterscheiden ist.

Der vorliegende Beitrag gibt einen Überblick über die vielfältigen Formgebungsmöglichkeiten mit dem Werkstoff Beton und versucht - soweit möglich - die Vorgehensweise bei der gezielten Anpassung der Frischbetoneigenschaften auf eine gewünschte Bauteilgeometrie bzw. Oberflächengestaltung aufzuzeigen. Zunächst werden hierzu in Abschnitt 2 die mechanischen Grundlagen des Verformungsverhaltens von frischem Beton aufgezeigt. Im nächsten Abschnitt wird dann anhand ausgewählter Beispiele auf das Zusammenspiel von Bauteilgeometrie, Ausführungstechnik und Frischbetontechnologie eingegangen. Der Beitrag schließt mit einer kurzen Zusammenfassung.

2 Grundlagen der Frischbetontechnologie

2.1 Steuerung der Frischbetoneigenschaften über die Betonzusammensetzung

Moderne Betone werden i. d. R. als sog. 5-Stoff-System bezeichnet. Der überwiegende Anteil besteht mit ca. 70 Vol.-% aus Gesteinskörnungen wie Sand und Kies, die durch ein Gemisch aus Zement, feinen (ggf. chemisch reaktiven) Zusatzstoffen und Wasser miteinander verklebt werden. Da die Gesteinskörnung normalerweise eine deutlich höhere Festigkeit, Steifigkeit und Dauerhaftigkeit als die umgebende Zementsteinmatrix aufweist, ist es das primäre Ziel des Mischungsentwurfsprozesses, den Gesteinskorngehalt zu maximieren. Hierbei muss jedoch beachtet werden, dass Beton im frischen Zustand ein Gemisch aus überwiegend granularen Ausgangsstoffen darstellt, das in einem sehr geringen Volumen an Wasser suspendiert ist. Der zunächst angestrebten Maximierung des Anteils an Gesteinskörnung im Gemisch sind somit Grenzen gesetzt, da bei zu hohem Gesteinskorn- und damit zu geringem Wassergehalt eine ausreichende Verarbeitbarkeit im frischen Zustand nicht mehr gewährleistet ist. Der Begriff „Verarbeitbarkeit" umschreibt dabei die Gesamtheit der mechanischen Wechselwirkungen zwischen allen Partikeln bzw. zwischen den Partikeln und der Trägerflüssigkeit über einen Zeitraum von der Wasserzugabe bis zum Erstarrungsbeginn des Betons.

2.1.1 Einfluss der Kornzusammensetzung und Packungsdichte

Das wichtigste Werkzeug bei der Mischungsentwicklung von Beton stellt auch heute noch die Optimierung der Packungsdichte der granularen Ausgangsstoffe des Betons dar. Durch eine gezielte Abstufung der Korngrößenverteilung der Ausgangsstoffe kann der Hohlraumgehalt des Korngemisches stark reduziert werden. Für die Verarbeitbarkeit ergeben sich hieraus zwei Möglichkeiten: Die Reduktion des Hohlraumgehalts ermöglicht es dem Betontechnologen prinzipiell, Mischungen mit reduziertem Wassergehalt herzustellen, da weniger Wasser zur Verfüllung der Kornzwischenräume benötigt wird. Durch die verbesserte Packung der Partikel können gleichzeitig mehr Partikel in ein vorgegebenes Volumen gefüllt werden, wodurch sich die Anzahl der wechselwirkenden Partikel und damit auch die Gesamtheit der Wechselwirkungskräfte erhöht. Darüber hinaus führt eine Erhöhung der Packungsdichte auch zu einer Verringerung des mittleren Partikelabstands. Da die Wechselwirkungskräfte jedoch mit abnehmendem Partikelabstand exponentiell ansteigen, kommt es zu einem signifikanten Anstieg der Wechselwirkungskräfte zwischen den Partikeln und damit zu einem Konsistenzverlust

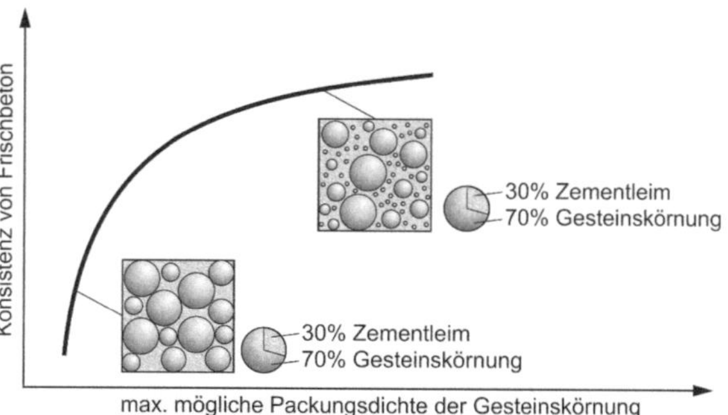

Abb. 1: Schematische Darstellung der Verarbeitbarkeit von frischem Beton in Abhängigkeit von der max. möglichen Packungsdichte der granularen Ausgangsstoffe

Die zweite Möglichkeit die Verarbeitbarkeit zu erhöhen besteht darin, trotz gesteigerter, maximal möglicher Packungsdichte der granularen Ausgangsstoffe das, Partikelvolumen in der Mischung konstant zu halten und damit die prinzipiell mögliche Packungsdichte nicht auszuschöpfen. Wie Abbildung 1 zeigt, nimmt in diesem Fall die Konsistenz mit zunehmender maximal möglicher Packungsdichte der granularen Ausgangsstoffe zu, da sich der mittlere Abstand der Partikel untereinander verringert. Einen Überblick über die verschiedenen Methoden der Packungsdichteoptimierung von granularen Betonausgangsstoffen gibt [1].

2.1.2 Einfluss bauchemischer Additive

Eine inzwischen weit fortgeschrittene Möglichkeit die Frischbetonverarbeitbarkeit zu beeinflussen, besteht in der Zugabe bauchemischer Additive, wie beispielsweise von Fließmitteln, Verflüssigern oder Stabilisierern. Diese zumeist organischen Stoffe auf Polymerbasis greifen direkt in das mechanische Wechselwirkungsverhalten der Partikel ein, in dem sie sich an die Oberfläche beispielsweise der Zementpartikel anlagern und zu einer Veränderung der elektrischen Ladung der Partikel führen, die eine verstärkte Abstoßung der Partikel zur Folge hat. Moderne Betonzusatzmittel kombinieren diesen Mechanismus mit einer sterischen Abstoßung der Partikel, indem die angelagerten Fließmittelmoleküle mit langen Polymerseitenketten ausgestattet werden, die einen direkten Kontakt der Partikel - und damit eine mögliche Agglomerierung - verhindern [2, 3].

Die Möglichkeiten bei der Beeinflussung der Frischbetoneigenschaften durch bauchemische Additive sind heute nahezu unbegrenzt. Einen guten Überblick über die Wirkweise der am Markt verfügbaren Produkte gibt [2]. Ein wesentlicher Nachteil dieser Additive ist darin zu sehen, dass ihre Auswirkungen auf die Frischbetoneigenschaften und das Hydratationsverhalten bislang nicht vorhergesagt werden können, sondern auf empirischem Wege für jeden einzelnen Beton und jedes Additiv neu ermittelt werden müssen.

2.2 Beschreibung der Frischbetoneigenschaften

Obwohl der Gehalt an Zementleim (d. h. der Mischung aus Zement- und Zusatzstoffpartikeln sowie Wasser) mit üblicherweise ca. 25 bis 35 Vol.-% im Vergleich zum Gesteinskorngehalt vergleichsweise gering ist, wird die Verarbeitbarkeit des frischen Betons maßgeblich durch die rheologischen Eigenschaften des Zementleims geprägt. Der frische Zementleim unterliegt dabei widersprüchlichen Anforderungen (siehe Abbildung 2).

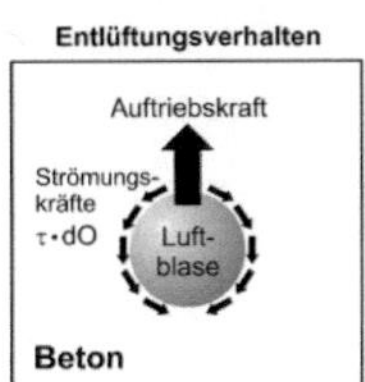

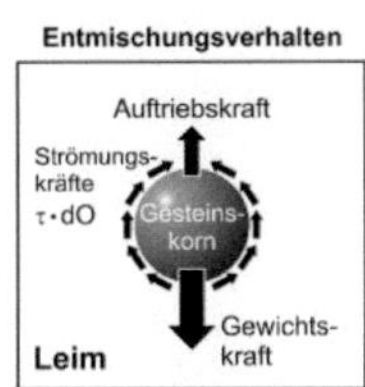

Abb. 2: Entlüftungs-, Entmischungs- und Blockierverhalten von frischem Beton

Zum einen müssen seine rheologischen Eigenschaften so eingestellt werden, dass die während des Misch- und Transportvorgangs sowie während des Einbaus des Betons eingetragenen Luftblasen aus dem frischen Beton entweichen können. Auf der anderen Seite muss sichergestellt sein, dass die Gesteinskörnung, die i. d. R. eine höhere Rohdichte als der umgebende Zementleim aufweist, nicht im Zementleim absinkt und der Beton sich somit entmischt.

Wie aus den schematischen Darstellungen in Abbildung 2 (links und Mitte) deutlich wird, sind sowohl der Entlüftungs- als auch der Entmischungsvorgang von den Gewichts- und Auftriebskräften der Luftblasen bzw. Gesteinskörner im Zementleim sowie von den rheologischen Eigenschaften des Zementleims abhängig. Da die Auftriebs- und Gewichtskräfte aufgrund der üblicherweise vorgegebenen Rohdichte ρ und Korngröße (Radius r) der Ausgangsstoffe i. d. R. nicht oder nur sehr eingeschränkt beeinflusst werden können, verbleibt dem Betontechnologen als einzige Stellgröße die dynamische Viskosität η des Zementleims bzw. Betons. Die Entlüftungs- bzw. Sedimentationsgeschwindigkeit kann dabei mittels des Stoke'schen Gesetzes abgeschätzt werden, indem der Zementleim bzw. Beton als homogene Substanzen mit gegebener Viskosität η_{Leim} bzw. η_{Beton} und die Luftblasen bzw. Gesteinskörner als Kugeln mit einem Radius r und einer Rohdichte ρ_{Luft} bzw. ρ_{Partikel} idealisiert werden (siehe Gleichungen 1 und 2).

$$\vartheta_{\text{Entlüftung}} = \frac{2}{9} \cdot r^2 g \cdot (\rho_{\text{Beton}} - \rho_{\text{Luft}}) \cdot \frac{1}{\eta_{\text{Beton}}} \quad (1)$$

$$\vartheta_{\text{Sedimentation}} = \frac{2}{9} \cdot r^2 g \cdot (\rho_{\text{Partikel}} - \rho_{\text{Leim}}) \cdot \frac{1}{\eta_{\text{Leim}}} \quad (2)$$

Aus den Gleichungen 1 und 2 wird deutlich, dass eine Reduktion der dynamischen Viskosität des Betons η_{Beton} die Aufstiegsgeschwindigkeit von Luftblasen im frischen Beton $\vartheta_{\text{Entlüftung}}$ erhöht. Da die Viskosität des Betons jedoch direkt von der Viskosität des Zementleims abhängt, geht mit einer verbesserten Entlüftung gleichzeitig auch eine Erhöhung der Sinkgeschwindigkeit der Gesteinskörner im Zementleim $\vartheta_{\text{Sedimentation}}$ einher. Die Mischungsentwicklung stellt somit einen Optimierungsprozess dar, bei dem die Viskosität des Zementleims ausreichend groß gewählt werden muss, um ein Absinken der Gesteinskörnung zu verhindern aber gleichzeitig niedrig genug eingestellt werden muss, dass die Viskosität des aus Zementleim und Gesteinskörnung bestehenden Betons noch eine ausreichend schnelle Entlüftung gestattet. Bei diesem Optimierungsvorgang kommt dem Betontechnologen die Tatsache zu Hilfe, dass es sich bei Zementleim bzw. Beton um eine sog. nicht-Newton'sche Flüssigkeit handelt. Dies bedeutet, dass die dynamische Viskosität η dieser Suspensionen eine Funktion der sog. Schergeschwindigkeit $\dot{\gamma}$ ist und mit zunehmender Geschwindigkeit abfällt und gegen einen unteren Grenzwert, die sog. plastische Viskosität μ, strebt.

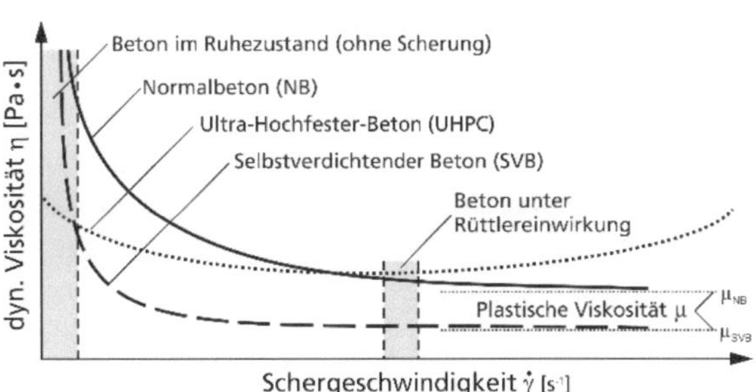

Abb. 3: Schematische Darstellung der dynamischen Viskosität η_{Beton} verschiedener Betonsorten in Abhängigkeit von der aufgebrachten Schergeschwindigkeit $\dot{\gamma}$

Prinzipiell ist dieses Verhalten unabhängig davon, ob es sich um einen sehr steifen Rüttelbeton oder einen hoch-fließfähigen selbstverdichtenden Beton handelt. Wie Abbildung 3 zeigt, unterscheiden sich die Verläufe der dynamischen Viskosität im Wesentlichen in ihrer Lage, nicht jedoch in ihrer prinzipiellen Verlaufsform.

Zur mathematischen Beschreibung der in Abbildung 3 dargestellten Verlaufsform wird im Bereich der Betontechnologie i. d. R. das sog. Bingham-Modell herangezogen [4, 5]. Die Viskosität einer nicht-Newton'schen Flüssigkeit kann dabei mittels einer hyperbolischen Funktion dargestellt werden (siehe Gleichung 3).

$$\eta_{\text{Beton}}(\dot{\gamma}) = \frac{\tau}{\dot{\gamma}} = \frac{\tau_0}{\dot{\gamma}} + \mu \tag{3}$$

Hierin bezeichnet η_{Beton} die dynamische Viskosität des Betons, die sich aus dem Quotienten der auf eine Probe aufgebrachten Schubspannung τ und der daraus resultierenden Schergeschwindigkeit $\dot{\gamma}$ ergibt. Durch Einführung einer Grenzschubspannung, der sog. Fließgrenze τ_0, wird in Gleichung 3 der Tatsache Rechnung getragen, dass die dynamische Viskosität mit abnehmender Schwergeschwindigkeit sehr stark ansteigt. Physikalisch ist dieser Anstieg auf eine zunehmende Agglomerierung der Feinteilpartikel in der Suspension zurückzuführen, durch die die auf die Suspension wirkenden Schubkräfte wie in einer Netzwerkstruktur abgetragen werden können. Wird die Suspension hingegen sehr hohen Schubspannungen ausgesetzt, so werden die Netzwerkstrukturen aufgebrochen und die die Agglomerate bildenden Partikel werden zunehmend dispergiert. Die sog. plastische Viskosität μ beschreibt dabei den Grenzzustand eines bei hohen Schergeschwindigkeiten vollständig dispergierten Systems. Bei sehr wasserarmen Mischungen, wie sie beispielsweise hochfeste und ultrahochfeste Betone darstellen, wird der dispergierende Effekt hoher Schwergeschwindigkeiten jedoch durch lokal wirkende Saugspannungen im prinzipiell unterkonsolidierten System überlagert, was einen erneuten Anstieg der dynamischen Viskosität bei hohen Schergeschwindigkeiten $\dot{\gamma}$ zur Folge hat (vgl. Abbildung 3)

Aus diesen zunächst weitgehend theoretischen Betrachtungen lassen sich für die Formgebung und Gestaltung mit frischem Beton wichtige Rückschlüsse ziehen. Setzt man Gleichung 3 in Gleichung 1 ein, so wird deutlich, dass eine Entlüftung von Beton nahezu unmöglich ist, solange der Betone keine äußere Scherung erfährt, durch die die Schwergeschwindigkeit $\dot{\gamma}$ erhöht wird und die dynamische Viskosität des Betons η_{Beton} abfällt. In der Praxis wird dies durch die Verdichtung des Betons mittels Rüttelflaschen oder Schalungsrüttlern erreicht, indem der Beton lokal begrenzten, sehr hohen Schergeschwindigkeiten ausgesetzt wird. Für selbstverdichtende Betone gilt hingegen, dass die Fließgrenze dieser Betone durch Zugabe von Verflüssigern und durch Erhöhung des Leimgehalts stark verringert wird und somit bereits geringe Druckunterschiede, beispielsweise infolge des Niveauunterschieds während des Einfüllvorgangs, zu einem Fließen des Betons und damit zu einem Abfall der dynamischen Viskosität führen.

Aus dem Vergleich von Gleichung 1 und 2 wird weiterhin deutlich, dass die treibende Kraft der Entlüftung - die Dichtedifferenz zwischen der eingeschlossenen Luft und dem umgebenden Beton - deutlich größer ist als die, aus der Dichtedifferenz zwischen der Gesteinskörnung und dem umgebenden Zementleim resultierende Kraft. Trifft man die vereinfachende - aber nicht unrealistische - Annahme, dass die eingeschlossenen Luftblasen eine ähnliche Größe aufweisen wie die Gesteinskörner und dass die Rohdichten des Frischbetons, der Gesteinskörnung und des Zementleims 2,3 kg/dm^3, 2,6 kg/dm^3 bzw. 1,9 kg/dm^3 betragen, so wird deutlich, dass der Entlüftungsvorgang bei gleicher dynamischer Viskosität um den Faktor 3 schneller abläuft als der Sedimentationsvorgang. Hierbei wurde noch nicht berücksichtigt, dass die Gesteinskornpartikel während des Fließvorgangs einem gegenseitigen Impulsaustausch unterliegen, der den Sedimentationsvorgang zusätzlich stark verlangsamt. In der Praxis hat dies zur Folge, dass der Verdichtungsvorgang mittels einer Rüttelflasche bzw. infolge des Fließens in der Schalung bei selbstverdichtendem Beton zu einer guten Entlüftung führt, die gleichzeitig auftretenden Entmischungserscheinungen i. d. R. jedoch vernachlässigt werden können.

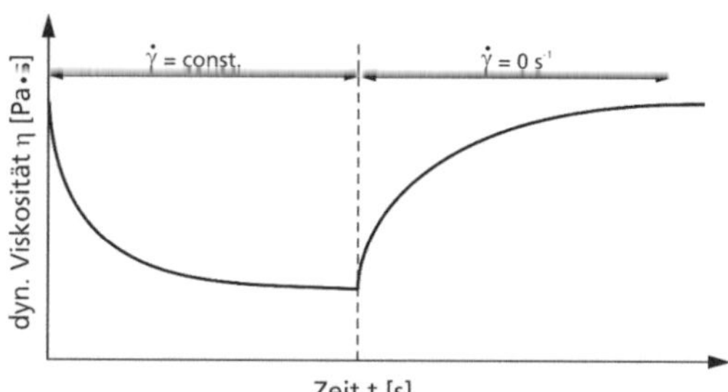

Abb. 4: Thixotropie von frischem Beton infolge einer Scherung für $\dot{\gamma} = const. > 0$ und anschließender Ruhephase mit $\dot{\gamma} = 0$ in Abhängigkeit von der Zeit t

Die Beschreibung des rheologischen Verhaltens von frischem Beton wird neben der Abhängigkeit von der Schergeschwindigkeit durch eine stark ausgeprägte Thixotropie erschwert (siehe Abbildung 4). Unter Thixotropie versteht man die Abhängigkeit der dynamischen Viskosität nicht nur von der Schergeschwindigkeit, sondern auch von der Schergeschichte und der Zeit. Dieses Verhalten ist im Wesentlichen auf das Agglomerationsverhalten der Partikel und auf die scherinduzierte Dispergierung von Partikelagglomeraten zurückzuführen. In der Baupraxis äußert sich dies beispielsweise dadurch, dass die Konsistenz eines Betons in einem Fahrmischer bei der Ankunft auf der Baustelle allein dadurch stark verbessert werden kann, indem der Beton nochmals intensiv aufgemischt wird. Insbesondere ist die Thixotropie eine der Hauptursachen für eine ungenügende Vermischung von aufeinander folgenden Schüttlagen, was sich in der Bildung kiesnestartiger Schüttlagenränder äußert (siehe Abschnitt 3.3). Der Einfluss einer gegebenen Schergeschwindigkeit auf die dynamische Viskosität eines Betons in Abhängigkeit von der Zeit ist schematisch in Abbildung 4 dargestellt.

3 Formgebung

Die plastische Formbarkeit von frischem Beton ermöglicht prinzipiell die Herstellung jeder beliebigen Bauform, d. h. vertikale und horizontale Bauteile sowie geneigte oder gekrümmte Bauelemente. Die Formgebung von Beton ist daher eng mit den Möglichkeiten der modernen Schalungstechnik verknüpft. Mit Hilfe sehr steifer Betone ist jedoch auch eine schalungsfreie Verarbeitung beispielsweise durch Spritz- oder Spachteltechniken ermöglicht. Letztere kommen jedoch im Wesentlichen im Instandsetzungsbereich zum Einsatz und sind daher vorwiegend als Mittel der Oberflächengestaltung anzusehen.

Die zentrale Frage bei der Planung eines komplexen Bauteils ist in der Gewährleistung einer ausreichenden Entlüftung des Betons zu sehen. Die Entlüftungseigenschaften des Betons müssen daher gezielt auf das zu erwartende Fließverhalten des Betons in der Schalung sowie auf die Anordnung der vorgesehenen Entlüftungsöffnungen abgestimmt werden.

3.1 Horizontale und leicht geneigte Flächen mit unbehinderter Entlüftung

Die Herstellung horizontaler Bauteile stellt im Hinblick auf die Entlüftungssituation des Betons sicherlich den einfachsten Fall dar, da eine Entlüftung unmittelbar nach oben möglich ist. In der Praxis ist diese Einbausituation jedoch häufig mit Problemen behaftet. Die Schwierigkeiten resultieren hierbei im Wesentlichen aus der Tatsache, dass der Verdichtungsvorgang, wie bereits erläutert, zu einem langsamen Absinken der Gesteinskörnung im frischen Zementleim führt. Als Anhaltswert für das Ausmaß dieses Entmischungsvorgangs kann hierbei der für selbstverdichtende Betone geltende Grenzwert eines um 15 Vol.-% gegenüber dem Soll-Gehalt reduzierten Grobkornanteils herangezogen werden [6]. Insbesondere bei dünnen Plattenbauteilen kann diese Anreicherung von Zementleim an der Bauteiloberfläche zu einer signifikanten Verringerung der Verschleißbeständigkeit z. B. von Industrieböden führen. Hinzu kommt die Tatsache, dass langsam in einem Beton aufsteigende Luftblasen bei einem vorzeitigen Abbruch des Verdichtungsvorgangs es nicht schaffen, aus dem Beton zu entweichen, sondern durch die besagte Zementleimschicht gefangen werden. Diesem Problem wird in der Praxis durch das sog. Glätten begegnet, bei dem die ansteifende Betonoberfläche mit einer starken Schubspannung aus einer rotierenden Scheibe beansprucht wird und so ggf. noch gefangene Luftblasen entweichen können.

In der Praxis haben sich zur Herstellung horizontaler Bauteile und insbesondere von Bodenplatten und Industrieböden, Betone der Konsistenzklassen F2 und F3 als günstig erwiesen [7, 8]. Zur Sicherstellung einer möglichst hohen Sedimentationsbeständigkeit sollte die Kornzusammensetzung des Betons vergleichsweise fein gewählt werden (Regelsieblinien A/B bzw. B gemäß DIN 1045-2 [9]), da hierdurch eine möglichst stark ausgeprägte gegenseitige Behinderung der einzelnen Gesteinskornpartikel beim Absinkvorgang erzeugt und die Sedimentation somit verlangsamt wird. Besonders wichtig ist die Einhaltung dieses Grundsatzes bei der Verwendung selbstverdichtender Betone. Systematische Untersuchungen von Wüstholz zeigen beispielsweise, dass bei Verwendung zu grober (Regelsieblinie A16) und zu feiner Körnungen (Regelsieblinie C16) ein ausgeprägter Rückgang der Verarbeitbarkeit zu verzeichnen ist [10]. Obwohl die bei der Verwendung selbstverdichtender Betone auftretenden Probleme grundsätzlich als beherrschbar einzustufen sind, raten viele Autoren von deren Einsatz zur Herstellung von Industriebodenflächen ab [7]. Diese ablehnende Haltung ist im Wesentlichen auf die Tatsache zurückzuführen, dass die Festlegung des Zeitpunkts, bei dem mit dem Glättvorgang begonnen werden sollte, bei selbstverdichtenden Betonen durch den Einsatz großer Mengen bauchemischer Additive deutlich schwieriger ist als bei konventionellen Rüttelbetonen.

Die Verwendung einer möglichst steifen Betonkonsistenz ist insbesondere dann angezeigt, wenn - wie beispielsweise im Straßen- und Brückenbau üblich - Bauteile mit definierter Neigung hergestellt werden sollen (siehe z. B. [22]). Prinzipiell können derartige Anwendungen jedoch auch mittels selbstverdichtender Betone realisiert werden. Dehn et al. berichten in [11] über Untersuchungen zur Eignung selbstverdichtender Betone mit unterschiedlicher Zusammensetzung bei der Einstellung einer definierten Längs- und Querneigung eines Brückenbauteils. Die Zusammensetzung und die wichtigsten Frischbetonkennwerte der verwendeten Betone sind in Tabelle 1 dargestellt.

Den Ergebnissen der Autoren zufolge, flossen alle untersuchten Mischungen bis zum Niveauausgleich. Mit der Profilierung der Betonoberfläche wurde in einem Betonalter von 150 min begonnen. Der Vergleich der Mischungen SVB 3 mit sehr fließfähiger

Konsistenz und SVB 1 mit steiferer Konsistenz zeigt, dass die besten Ergebnisse sowohl im Hinblick auf die Einhaltung der geforderten Oberflächenneigung als auch im Hinblick auf die Oberflächenbeschaffenheit mit SVB 3 erzielt werden konnten (vgl. Abbildungen 5 und 6). Leider machen die Autoren jedoch keine näheren Angaben zur zeitlichen Entwicklung der Betonkonsistenz, die für eine Einordnung der Versuchsergebnisse von entscheidender Bedeutung gewesen wäre.

Tab. 1: Zusammensetzung und Frischbetonkennwerte von selbstverdichtenden Betonen zur Einstellung einer definierten Oberflächenneigung [11]

Ausgangs-stoff/Kennwert	Dimension	SVB		
		1	2	3
Bindemittel	[kg/m³]	540	540	540
Wasser	[kg/m³]	138	151	141
Fließmittel	[kg/m³]	6,7	5,5	5,5
Gesteinskörnung	[kg/m³]	1624	1624	1624
Setzfließmaß - ohne Blockierring	[mm]	650	660	700
- mit Blockierring	[mm]	640	630	680
t_{500}-Zeit	[s]	7	7	6

Abb. 5: Oberfläche des Brückenbauteils aus SVB 3 gemäß Tab. 1 nach dem Abziehen [11]

Abb. 6: Oberfläche des Brückenbauteils aus SVB 1 gemäß Tab. 1 nach dem Abziehen [11]

Eine technische Herausforderung stellt die Herstellung horizontaler Betonflächen dar, bei denen eine Entlüftung des Betons nach oben durch die Schalung behindert wird. Grundsätzlich gilt hier, dass die besten Bauteileigenschaften und Oberflächen erzielt werden, wenn der Beton vor Eintritt in den nach oben gedeckelten Bereich ausreichend verdichtet und somit entlüftet wird. Als besonders günstig hat sich hierbei die Verwendung selbstverdichtender Betone erwiesen, die zuvor über eine ausreichend lange Strecke fließen und somit entlüften konnten. Taferner empfiehlt auf Grundlage von Erfahrungen beim Bau von Wandelementen eine von den Betoneigenschaften abhängige Mindestfließstrecke von ca. 1,0 bis 3,0 m [12]. Dies deckt sich auch mit eigenen Erfahrungen der Autoren (siehe Abschnitt 3.3).

Da die Aufstiegsgeschwindigkeit von Luftblasen im Beton stark von der Fließgeschwindigkeit des Betons abhängig ist, sollte bei der Betonage gedeckelter, horizontaler Bauteile sichergestellt werden, dass der Beton auch nach dem Kontakt mit der oberen Schalhaut noch in Bewegung ist und dort gefangene Luftblasen mit dem strömenden Beton bis zur nächsten Entlüftungsöffnung transportiert werden.

3.2 Stark geneigte Bauteile und Flächen

Neben gedeckelten Bauteilen stellt die zielgerichtete Herstellung von Bauteilen mit einer bestimmten Oberflächenneigung, bzw. die Realisierung stark geneigter Bauteile, eine der größten Herausforderungen beim Umgang mit frischem Beton dar. Prinzipiell stehen dem Ausführenden dabei verschiedene Betonagetechniken zur Verfügung.

SVB in Konterschaltechnik

Das heute gängigste Verfahren zur Herstellung geneigter Bauteile ist die Verwendung selbstverdichtender Betone, die in eine geneigte Schalung mit entsprechender Konterschalung eingefüllt werden. Tauscher berichtet in [13] über Erfahrungen bei der Betonage einer Bogenbrücke mit einer maximalen Neigung der Bogenstiele von ca. 20 ° und einer veränderlichen Dicke der Bogenelemente zwischen 40 cm und 65 cm (siehe Abbildung 7). Der Aufbau der Schalung ist in Abbildung 8 dargestellt.

Abb. 7: Beispiel für die Herstellung eines geneigten Betonbogens aus selbstverdichtendem Beton [Tauscher2006]

Abb. 8: Konterschalung mit seitlich angeordneten Einfüllstutzen sowie Entlüftungsöffnung im Scheitelbereich des Bogens bei der Betonage eines Segments der Bogenbrücke bei Wolkau [13]

Der selbstverdichtende Beton wurde abschnittsweise über drei gleichmäßig über die Länge der Bogenstiele verteilte Einfüllstutzen mittels einer Betonpumpe in die Schalung gepumpt. Der Pumpschlauch wurde dabei nach der vollständigen Befüllung des unteren Abschnitts auf den jeweils nächsthöheren Füllstutzen umgesetzt und somit eine steigende Befüllung der Schalung sichergestellt. Das Setzfließmaß des Betons betrug im Alter von 10 min ca. 71 cm und ging im Alter von 150 min auf einen Wert von 65 cm zurück. Bei der Trichterauslaufzeit wurde im selben Zeitraum ein Anstieg von 13 s auf 18 s beobachtet. Insgesamt wurden für den ersten Bogenstiel ca. 18 m³ SVB mit einer Geschwindigkeit von ca. 8 m³/h verpumpt. Die Zusammensetzung des Betons ist in Tabelle 2 angegeben.

Tab. 2: Zusammensetzung des für den Bau der Bogenbrücke Wolkau verwendeten SVB [13]

Ausgangsstoff / Kennwert	Dimension	SVB
Zementart	[-]	CEM III/A 42,5 NA
Zement	[kg/m³]	370
Flugasche	[kg/m³]	200
Fließmittel	[kg/m³]	8,88
Stabilisierer	[kg/m³]	9,25
Wasser	[kg/m³]	135
Sand 0/2a	[kg/m³]	709
Körnung 2/8	[kg/m³]	442
Körnung 8/16	[kg/m³]	491
Sieblinie	[-]	AB16
$w/z_{eq.}$	[-]	0,37

Abb. 9: Luftblasen auf der Oberseite eines kontergeschalten Bogenstiels als Zeichen einer unzureichenden Betonentlüftung [13]

Abb. 10: Kontergeschalte Oberfläche eines Betonbogens; Schalhaut wurde durch Einsatz eines Drucklufthammers leicht in Schwingung versetzt um ein Entweichen der eingeschlossenen Luftblasen zu begünstigen [13]

Abbildung 9 zeigt die Oberseite des so hergestellten Bogenstiels 1. Trotz einer ausreichenden Anzahl von Entlüftungsstellen im Scheitelpunkt der Schalung wies den Angaben von [13] zufolge die Betonoberfläche eine große Anzahl von länglichen, wurmlochartigen Lufteinschlüssen auf. Tauscher führt diese Lufteinschlüsse auf im Beton aufsteigende Luftblasen zurück, die sobald sie die Konterschalung erreicht hatten, nicht in der Lage waren aus dem Beton zu entweichen, sondern die mit derselben Geschwindigkeit wie der langsam aufsteigende Beton an der Konterschalhaut entlang geführt wurden. Zur Vermeidung derartiger Lufteinschlüsse ist nach [13] ein manuelles Klopfen an der Schalhaut nicht ausreichend.

Ähnliche Erfahrungen machten Taferner et al. beim Bau des Seebads Kaltern in Österreich [12]. Auch hier wurde selbstverdichtender Beton mit einem Setzfließmaß von ca. 660 mm eingesetzt und eine stark geneigte Konterschalung eingefüllt (keine Angabe zur Neigung verfügbar). Das Ergebnis der Betonage war den Autoren zufolge jedoch unbefriedigend, da das hergestellte Bauteil trotz einer ausreichendend langen Fließstrecke eine erhöhte Porosität an der Bauteiloberseite aufwies. Die Autoren empfehlen für zukünftige Baumaßnahmen in dieser Technik den leichten Einsatz von Schalungsrüttlern auf der Seite der Konterschalhaut.

Diese Schlussfolgerung wird wiederum durch Ergebnisse beim Bau der Bogenbrücke Wolkau bestätigt. Hier konnte durch eine dynamische Anregung der oberen (Konter-) Schalhaut mittels eines Luftdruckhammers eine erhebliche Verringerung der Oberflächenporosität erzielt werden (siehe Abbildung 10), wobei die Intensität dieser Einwirkung leider nicht näher durch die Autoren spezifiziert wird [13].

Interessante Rückschlüsse auf die zur Herstellung eines derartigen Bauwerks erforderlichen Fließeigenschaften des Betons können aus Betonagefehlern gezogen werden. Tauscher und Tue et al. haben für die oben beschriebene Bogenbrücke Wolkau eine detaillierte Fehleranalyse von Problemen bei der Betonage des 2. Bogenstiels vorgenommen [13, 14]. Durch Probleme bei der Ermittlung der Sandfeuchte (ca. 10 % gegenüber Soll-Wert des erhöhten Wassergehalts) und eine um ca. 30 % gegenüber dem Soll-Wert zu geringe Fließmitteldosierung waren bei der Betonage des zweiten Bogenstiels zwei Fahrzeugladungen mit einem Beton mit einem Setzfließmaß von ca. 600 mm statt der erforderlichen 700 mm angeliefert worden. Trotz eines intensiven Aufmischens des Betons konnte auch nach längerer Wartezeit - trotz zu erwartender Nachverflüssigung des Fließmittels - keine Verbesserung der Fließeigenschaften beobachtet werden. Dies führte dazu, dass der Beton des ersten Fahrzeugs verworfen wurde. Die Konsistenz des Betons des zweiten Fahrzeugs wurde durch die nachträgliche Zugabe von Wasser auf ein Setzfließmaß von 690 mm eingestellt und mehr als 30-40 min verspätet (nähere Angaben fehlen) eingebaut. Angaben zur Trichterauslaufzeit und zur Sedimentationsstabilität des so veränderten Betons fehlen leider. Trotz der vermeintlich ausreichenden Frischbetoneigenschaften mussten am betonierten Bauteil nach dem Ausschalen gravierende Lunker und Fehlstellen festgestellt werden, die einen Abriss des gesamten Bauteils zur Folge hatten (siehe Abbildung 11).

Abb. 11: Fehlstellen und Lunker in Folge eines zu schnell ansteifenden Betons mit falscher Zusammensetzung am 2. Bogenstiel der Bogenbrücke Wolkau [13]

Tauscher und Tue et al. führen diesen Schadensfall im Wesentlichen auf einen zu schnellen Konsistenzverlust des in seiner Zusammensetzung veränderten selbstverdichtenden Betons zurück [13, 14]. Dieser hat nach Ansicht der zitierten Autoren dazu geführt, dass sich der bereits in der Schalung befindliche und der frisch eingebrachte Beton nicht in ausreichender Weise vermischen konnten und der frisch eingebrachte Beton noch während des Einbauvorgangs stark seine Konsistenz änderte.

Diese empirisch gewonnenen Erkenntnisse werden auch durch die in Abschnitt 3.3 beschriebenen, systematischen Untersuchungen von Roussel et al. [15] bestätigt.

Händischer Einbau von Rüttelbeton

Eine weitere, sicherlich jedoch sehr selten eingesetzte, Betonagetechnik zur Herstellung stark geneigter Bauteile ist der händische Einbau von Betonen mit extrem steifer Frischbetonkonsistenz.

Abb. 12: Dachkonstruktion des Hans Otto Theaters in Potsdam hergestellt aus C35/45 in händischer Einbautechnik [16]

Abb. 13: Händischer Einbau eines Normalbetons C35/45 der Konsistenzklasse F2 [16]

Helm beschreibt in [16] den Bau des Hans Otto Theaters in Potsdam, dessen Dach eine maximale Neigung von 45 ° aufweist und das in Sichtbetonklasse SB 4 gemäß dem DBV-Merkblatt „Sichtbeton" [17] ausgeführt wurde. Auch bei diesem Bauwerk war zunächst die Herstellung der geneigten Platten mittels Konterschalung und durch Verwendung eines selbstverdichtenden Betons erwogen worden. Die Ausführungsplanung zeigte jedoch, dass dies schaltechnisch nicht realisierbar war. Vor diesem Hintergrund wurde der in Tabelle 3 aufgeführte Rüttelbeton entwickelt und in umfangreichen Voruntersuchungen der händische Einbau dieses Betons unter den vorgegebenen Ansprüchen an die Sichtbetonqualität des Bauteils überprüft.

Tab. 3: Zusammensetzung des für den Bau der Dachkonstruktion des Hans Otto Theaters Potsdam verwendeten Betons [16]

Ausgangsstoff / Kennwert	Dimension	Beton C35/45
Zementart	[-]	CEM III/A 32,5-NW/HS
Zement	[kg/m³]	370
Flugasche	[kg/m³]	40
Fließmittel	[% v. Z.]	0,46
Verzögerer	[% v. Z.]	0 bis 0,4
Wasser	[kg/m³]	167
Sand 0/2	[kg/m³]	634
Körnung 2/8	[kg/m³]	352
Körnung 8/16	[kg/m³]	775
Sieblinie	[-]	AB16

Die Voruntersuchungen zur Betonentwicklung sowie die Ausführung des Bauwerks zeigten, dass ein guter Kompromiss zwischen einem Abrutschen des Betons an der steilen Schalung und einer ausreichenden Verdichtbarkeit für Konsistenzen mit einem Ausbreitmaß zwischen 370 und 410 mm erzielt werden konnte. Lediglich für sehr steile Bereiche der Schalung musste das Ausbreitmaß des Betons durch Reduktion des Fließmittelgehalts auf Werte zwischen 340 mm und 370 mm reduziert werden. Für flachere Dachbereiche konnte die Konsistenz hingegen bis auf Werte von 460 mm gesteigert werden.

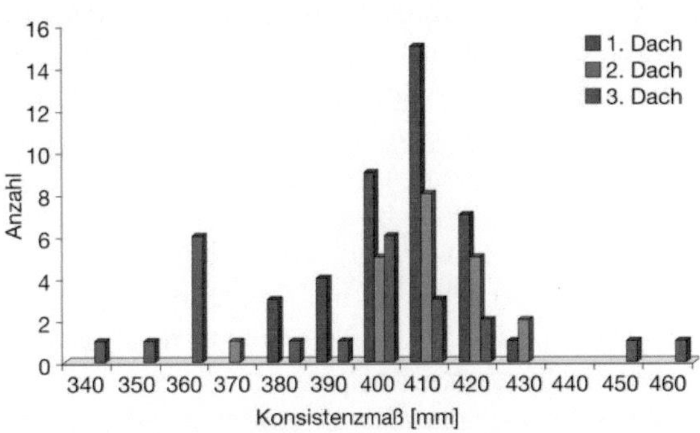

Abb. 14: Konsistenz des bei der Betonage der Dachkonstruktion des Hans Otto Theaters Potsdam verwendeten Betons [16]

Abbildung 14 zeigt die Häufigkeit der bei der Betonage der Dachkonstruktion verwendeten Konsistenzen. Hierzu wurde der Beton jedes Transportbetonfahrzeug einer Annahmekontrolle in Form einer Ausbreitmaßprüfung unterzogen. Leider gestatten die von Helm berichteten Ergebnisse jedoch keine direkte Zuordnung der Betonkonsistenz zur Steilheit des hergestellten Bauabschnitts.

Abb. 15: Manuelles Glätten des eingebauten Betons [16]

Der Beton wurde per Betonpumpe zur Einbaustelle gefördert und dort mit dem Pumpenschlauch händisch verteilt. Die Verdichtung des Betons erfolgte überwiegend mit einem Innenrüttler. Lediglich bei der untersten der Dachplatten wurde ein Oberflächenrüttler eingesetzt. Das Glätten des Betons erfolgte manuell (siehe Abbildung 15).

Spritzbetontechniken

Eine bereits sehr alte Technik zur Herstellung geneigter, ggf. auch gekrümmter Betonbauteile stellt die Spritzbetontechnik dar. Das von Carl Weber 1919 entwickelte Torkret-Verfahren etablierte sich bereits in den frühen 1920er und 1930er Jahren als das wichtigste Verfahren zur Ausführung dünner Schalentragwerke und wurde beispielsweise beim Bau der Großmarkthalle in Frankfurt am Main (Fertigstellung 1928; [18]) oder aber bei der Errichtung der ersten Zeiss-Dywidag Schale des Planetariums der Zeisswerke Jena (1922) eingesetzt [19].

Das Spritzbetonsverfahren besitzt im Vergleich zu anderen Betonagetechniken den Vorteil, dass auch extrem dünnwandige Bauteile mit beliebiger Geometrie hergestellt werden können. Eine detaillierte Beschreibung der technischen Möglichkeiten der Spritzbetontechnik findet sich z. B. in [20].

3.3 Lotrechte Bauteile

Einbau per Pumpförderung von unten

Eine neue Einbautechnik zur Herstellung lotrechter Bauteile steht durch die Entwicklung selbstverdichtender Betone mit der Pumpförderung in eine Schalung von unten zur Verfügung. Hierbei müssen jedoch besonders die strukturviskosen Eigenschaften derartiger Betone beachtet und gezielt auf die zu füllenden Bauteilquerschnitte abgestimmt werden. Das Problem einer Pumpförderung von unten lässt sich sehr einfach anhand von Abbildung 16 erläutern und ist direkt mit der Fließgeschwindigkeit des Betons in der Förderleitung und in der Schalung verbunden.

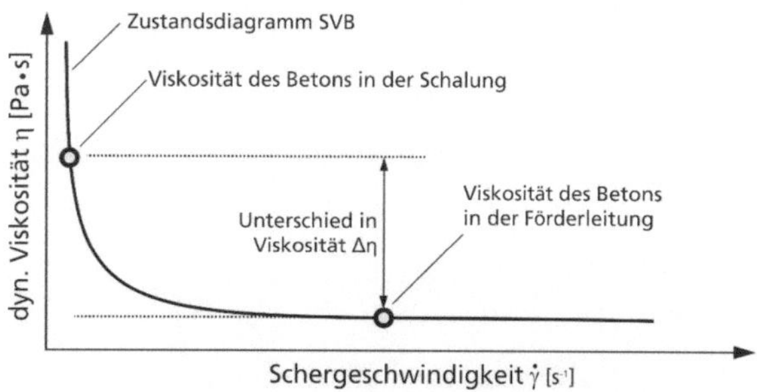

Abb. 16: Schematische Darstellung der Ursache für eine unterschiedliche Viskosität des Betons in der Förderleitung und in der Schalung bei einer Pumpförderung von Unten

Die mittlere Schergeschwindigkeit $\dot{\gamma}$ des Betons in der Förderleitung ist direkt proportional zu dessen Strömungsgeschwindigkeit V. Wird nun eine Förderleitung mit üblichem Rohrquerschnitt $A_{Leitung}$ (z. B. DN 125 mm) an eine Schalung mit deutlich größerem Querschnitt $A_{Schalung}$ angeschlossen, so hat dies im Einlaufbereich einen schlagartigen Abfall der Fließgeschwindigkeit und damit auch der Schwergeschwindigkeit zur Folge. Wie aus Abbildung 16 deutlich wird, ist die dynamische Viskosität von Beton jedoch eine Funktion der anliegenden Schwergeschwindigkeit. Daraus resultiert, dass der mit hoher Geschwindigkeit in die Schalung einströmende Beton eine deutlich geringere Viskosität aufweist als der bereits in die Schalung eingepumpte Beton. Durch große Differenzen in der Schergeschwindigkeit und damit der Viskosität kommt es in der Schalung daher zur Ausbildung einer Zweiphasen-Strömung. Dies bedeutet, dass der einströmende Beton sich nicht unmittelbar mit dem in der Schalung befindlichen Beton vermischt, sondern diesen als stehende Masse wahrnimmt. Der einströmende Beton reagiert auf den daraus resultierenden Reibungswiderstand mit der Ausbildung einer sogenannten Gleitschicht, d. h. einer von der Schwergeschwindigkeit abhängigen Entmischung von Zementleim und Gesteinskörnung. Dieses Phänomen ist beim Pumpen von Beton wohl bekannt, tritt jedoch auch in diesem Fall auf.

Diese, in der Physik des Fließvorgangs von Beton begründeten Entmischungserscheinungen haben zur Folge, dass eine Befüllung großer Bauteilquerschnitte durch eine Pumpförderung nicht bzw. nur unter Verwendung extrem flüssiger selbstverdichtender Betone möglich ist und zwingend umfangreiche Voruntersuchungen und Entwicklungsarbeiten erfordert.

Abbildung 17 und folgende zeigen das die Ergebnisse von Füllversuchen von großen Stahl-Beton-Verbundstützen beim bau des Rheinhafen Dampfkraftwerks Karlsruhe. In der ursprünglichen Bauplanung war vorgesehen, Stahl-Beton-Verbundstützen mit einer quadratischen Grundfläche von 2,1 x 2,1 m^2 und einer Höhe von 99 m mit selbstverdichtendem Beton per Pumpförderung von unten zu füllen. Hierzu wurde von den beteiligten Baufirmen der in Tabelle 4 aufgeführte selbstverdichtende Beton entwickelt und im Rahmen von Vorversuchen der Beton mit einer Betonpumpe in dafür vorgesehene Schalungselemente gepumpt. Die verwendete Förderleitung wies dabei einen Querschnitt von 125 mm auf. Bei konstantem Durchfluss der Förderleitung bzw. des Stützenquerschnitts resultierte hieraus ein Geschwindigkeitsabfall in der Stütze gegenüber der Förderleitung von 99,8 %.

Abbildung 17 (a) zeigt den Beton während des Einströmvorgangs in die Schalung. Zu diesem Zeitpunkt breitete sich der Beton gut in der Schalung aus und floss wie erwartet in alle Ecken und Randbereiche. Signifikante Entmischungsvorgänge konnten beobachtet werden, sobald der Betonspiegel das Förderrohr bedeckte (Abbildung 17, b) und somit der frische Beton in eine stehende Masse gepumpt wurde. Die Verteilung der groben Gesteinskörnung 8/16 über den Stützenquerschnitt wurde anhand von Frischbetonproben, die über einem 8 mm Sieb ausgewaschen wurden, ermittelt und ist in Abbildung 18 bzw. Tabelle 5 dargestellt.

Abb. 17: Einströmen von SVB aus einer Förderleitung DN 125 in einen quadratischen Stützenquerschnitt 2,1 x 2,1 m² von unten: (a) gleichmäßige Verteilung des Betons in der Schalung; (b) beginnende Entmischungserscheinungen in Form einer Korona-artigen Absonderung von Zementleim

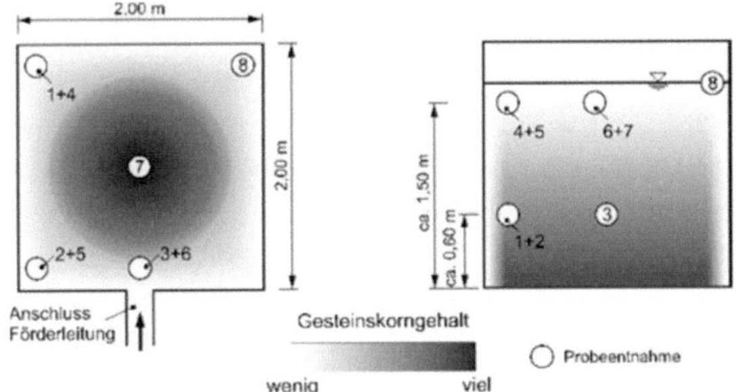

Abb. 18: Qualitative Verteilung des Gehalts an grober Gesteinskörnung über den befüllten Stützenquerschnitt (links: Draufsicht; rechts: Ansicht)

Tab. 4: Zusammensetzung und Eigenschaften des selbstverdichtenden Betons für die Befüllung der Kesselgerüststützen des Rheinhafen Dampfkraftwerks Karlsruhe, RDK 8 in Stahl-Beton-Verbundbauweise

Ausgangsstoff / Kennwert	Dimension	SVB
Zementart	[-]	CEM I 42,5 R
Zement	[kg/m³]	330
Flugasche	[kg/m³]	190
Fließmittel	[kg/m³]	5,3
Entschäumer	[kg/m³]	1,0
Wasser	[kg/m³]	180
Sand 0/2	[kg/m³]	742
Porphyr 2/8	[kg/m³]	287
Basalt 8/16	[kg/m³]	625
Setzfließmaß	[mm]	713 ± 16
Setzfließzeit t_{500}	[s]	7 ± 0,9
Trichterauslaufzeit	[s]	15 ± 2,3

Tab. 5: Gehalt an grober Gesteinskörnung von Frischbetonproben, die an den in Abbildung 18 gekennzeichneten Stellen entnommen und über einem 8 mm Sieb ausgewaschen wurden

Probe Nr.	Frischbetondichte [kg/dm³]	Masseanteil Gesteinskörnung > 8 mm [M.-%]
1	2,199	13,71
2	2,200	10,49
3	2,244	18,27
4	2,183	5,29
5	2,208	13,01
6	2,256	13,62
7	2,207	7,82
8	2,130	4,16

In einem zweiten Versuch wurde die Pumpgeschwindigkeit abschnittsweise stark verringert bzw. stark erhöht, jedoch konnte auch durch diese Maßnahmen keine Verbesserung der Homogenität des eingepumpten Betons erzielt werden. Vor diesem Hintergrund wurde in einer weiteren Versuchsserie untersucht, in wie weit die Betonhomogenität durch eine veränderte Einfülltechnik verbessert werden kann. Hierzu wurde zum einen der Ansatz verfolgt, das Förderrohr bis in die Mitte des Stützenquerschnitts zu führen und am Ende des Rohres ein Prallblech anzuordnen, durch das ein Abbremsen und eine Verwirbelung des eingepumpten Betons erzielt werden sollte (siehe Abbildung 19). Leider konnte jedoch auch durch diese Maßnahme keine signifikante Verbesserung der Homogenität erzielt werden.

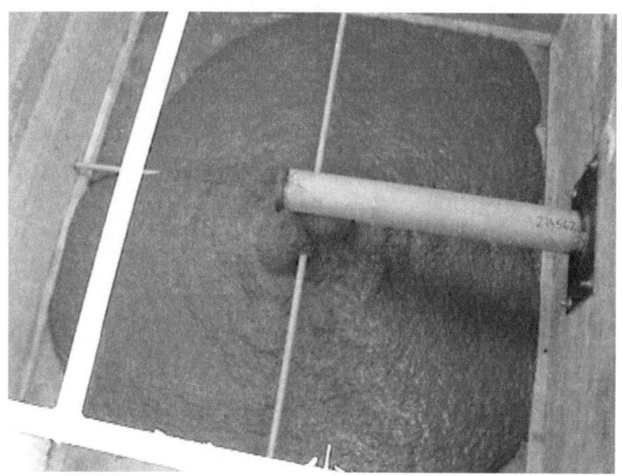

Abb. 19: Veränderte Befüllung des Stützenquerschnitts mittels verlängertem Förderrohr und Prallblech

Der zweite Ansatz bestand darin, den Geschwindigkeitsgradienten zwischen Förderrohr und Bauteilquerschnitt durch die Anordnung mehrerer Förderleitungen jeweils in den Ecken des Stützenquerschnitts zu reduzieren (siehe Abbildung 20). Leider war jedoch auch diese Maßnahme nicht zielführend, wie nachträgliche durchgeführte Untersuchungen zur Betonhomogenität an Bohrkernen belegten.

Abb. 20: Gleichzeitiges Einpumpen von SVB über 4 Förderleitungen zur Verringerung der Geschwindigkeitsgradienten im Beton

Leider reichen die im zuvor beschriebenen Projekt gewonnenen Untersuchungsergebnisse nicht aus, um bei gegebenem Volumenstrom der Förderleitung ein Grenzkriterium für die maximal zulässigen Abmessungen von unten gepumpter Bauteile abzuleiten. Wie aus Abbildung 16 deutlich wird, ist ein derartiger Grenzwert zwingend eine Funktion der Frischbetoneigenschaften, wobei mit zunehmender Fließfähigkeit des Betons prinzipiell auch größere Bauteilquerschnitte realisiert werden können. Zielsetzung der Maßnahmen muss es sein, den Viskositätsunterschied $\Delta\eta$ zwischen dem Beton in der Förderleitung und in der Schalung zu minimieren (vgl. Abbildung 16).

Grundsätzlich gilt für die Pumpförderung von unten, dass der Beton vor dem Einbau entlüftet werden sollte. Für selbstverdichtenden Beton haben sich hier Fließstrecken zwischen 1 m und 3 m als ausreichend erwiesen. Im zuvor beschriebenen Projekt wurde hierzu die Schütte des Fahrmischers zum Einfüllstutzen der Betonpumpe entsprechend verlängert.

Fallender Betoneinbau von oben

Eine Alternative zur Pumpförderung von unten stellt der fallende Einbau von oben dar. Hierbei handelt es sich sicherlich um die am weitesten verbreitete Betonagetechnik. Insbesondere bei schlanken Bauteilen wie Stützen muss beachtet werden, dass die Fallhöhe des Betons auf Werte von max. 1,5 m begrenzt werden sollte. Nähere Hinweise hierzu gibt das DBV-Merkblatt Betonierbarkeit von Bauteilen aus Beton und Stahlbeton [21].

Nur wenige Erfahrungen sind in der internationalen Literatur zum Einfluss größerer Fallhöhen auf die Betoneigenschaften dokumentiert. Aufgrund der technischen Probleme bei der Betonage der Kesselgerüststützen des Rheinhafen-Dampfkraftwerks Karlsruhe wurde auch eine fallende Verfüllung von Stützenabschnitten mit einer maximalen Fallhöhe von ca. 11 m mit selbstverdichtendem Beton untersucht. Der Beton wurde hierzu per Betonkübel zur Stützenschalung transportiert und dort mittels eines Schlauches über ein Mannloch in die Stütze eingebracht. Aufgrund zahlreicher stahlbautechnischer Einbauten fiel der Beton von dort ca. 11 m nach unten. Um sicherzustellen, dass durch die große Fallhöhe keine Entmischungserscheinungen auftreten und der Beton nicht negativ in seinen Festbetoneigenschaften beeinflusst wird, wurden insgesamt 3 realmaßstäbliche Stützenquerschnitte mit den Abmessungen 2,1 x 2,1 x 4 m^3 (1) bzw. 2,1 x 2,1 x 11 m^3 (2) mit Beton verfüllt. Der Verfüllvorgang wurde per Videoüberwachung dokumentiert (siehe Abbildung 21). Hierbei zeigte sich, dass der Beton trotz der hohen Fallhöhe von anfangs jeweils ca. 11 m nach dem Aufprall auf dem Stützenboden bzw. im bereits in der Schalung stehenden Beton keinerlei Entmischungserscheinungen aufwies und sich gleichmäßig wie erwartet im Stützenquerschnitt verteilte.

Die insgesamt 3 betonierten Musterstützen wurden nach der Erhärtung des Betons per Seilsäge jeweils entlang der Längsachse in 2 Teile und anschließend nochmals quer dazu getrennt und durch Bohrkerne und optische Analysen auf seine Zusammensetzung und seine Eigenschaften hin untersucht. Abbildung 22 zeigt das Beprobungsschema. Die zugehörigen Kennwerte der hier entnommenen Bohrkerne sind in Tabelle 6 aufgeführt.

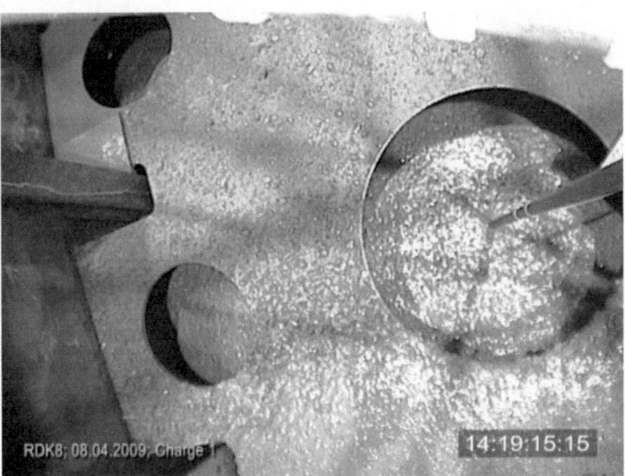

Abb. 21: Video-Standbild des Stützenquerschnitts mit von oben aus ca. 11 m Höhe einfallendem Beton: Der Beton schlägt auf dem Zwischenblech auf; keine Entmischungserscheinungen feststellbar

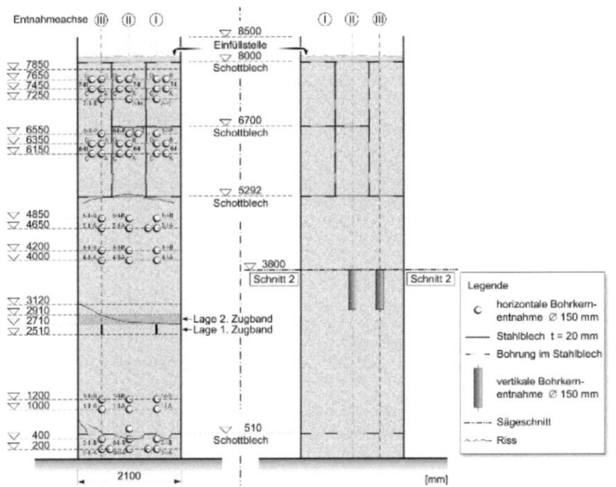

Abb. 22: Beprobungsschema der in der Mittelachse zersägten Stahl-Beton-Verbundstützen

Wie aus dem Vergleich der in Tabelle 6 wiedergegebenen Kennwerte deutlich wird, konnten für den hier verwendeten selbstverdichtenden Beton keine nachteiligen Auswirkungen auf die Betoneigenschaften - resultierend aus der enormen Fallhöhe - verzeichnet werden. Alle aus der Stütze entnommenen Bohrkerne wiesen höhere Druckfestigkeiten und E-Moduli auf, als die an geschalten Proben ermittelten Kennwerte. Ein geringfügiger Einfluss ist aus den gegenüber geschalten Proben geringfügig erhöhten Variationskoeffizienten der Bohrkerne ablesbar, der jedoch für die hier betrachteten Kennwerte von untergeordneter Bedeutung war.

Tab. 6: Eigenschaften des selbstverdichtenden Betons nach einem Fall aus max. 11 m Höhe ermittelt an Bohrkernen (Lage der Probeentnahme siehe Abbildung 22)

		Entnahmeachse I (Einfüllseite)		Entnahmeachse II (Bauteilmitte)		Entnahmeachse III (Randbereich gegenüber)	
		f_{cm} [N/mm²]	E_{cm} [N/mm²]	f_{cm} [N/mm²]	E_{cm} [N/mm²]	f_{cm} [N/mm²]	E_{cm} [N/mm²]
1. Versuch	$\bar{x}$	70,9	37 500	70,6	38 700	70,1	37 700
	v [%]	4,9	6,2	5,6	5,0	4,2	4,9
	Frakt.	65,2	33 700	64,1	35 500	66,2	34 600
2. Versuch	$\bar{x}$	71,3	40 100	70,5	40 100	70,8	40 700
	v [%]	6,3	4,3	5,7	3,6	6,1	3,3
	Frakt.	63,9	37 200	63,9	37 700	63,7	38 500
	Soll	> 58	> 36 300	> 58	> 36 300	> 58	> 36 300

Zusammenfassend kann gesagt werden, dass eine Steigerung der Fallhöhe des Betons über das zulässige Maß von 1,5 m hinaus auch ohne Verwendung eines Hosenrohrs ohne negative Auswirkungen auf die Betoneigenschaften möglich ist. Voraussetzung hierfür ist jedoch die Verwendung hochentmischungsresistenter selbstverdichtender Betone, die gezielt in einem realmaßstäblichen Versuch auf ihre Eignung hin untersucht werden müssen.

Vermeidung sichtbarer Schüttlagenbildung

Die Bildung von ungewollten Schüttlagen bei einer prinzipiell kontinuierlich ablaufenden Befüllung einer Schalung stellt - insbesondere im Sichtbetonbau - ein sehr häufiges und vor allem kostenträchtiges Problem dar (vgl. Abbildung 23).

Abb. 23: Schüttlagenbildung infolge eines zu frühen Ansteifens der unteren Betonlage

Systematische Untersuchungen zu den Mechanismen der Schüttlagenbildung wurden von Roussel et al. vorgestellt [15]. Die Autoren kommen dabei zum Schluss, dass Schüttlagen insbesondere dann auftreten, wenn sich die Viskosität der beiden übereinander eingefüllten Betone aufgrund einer zu langen Unterbrechung der Betonage oder einem zu schnellen

Ansteifen der unteren Betonlage zu stark unterscheidet. Zur Untersuchung dieser Fragestellung stellten die Autoren insgesamt 4 verschiedene selbstverdichtende Betone mit einem unterschiedlich schnellen Rücksteifverhalten her (siehe Tabelle 7).

Tab. 7: Zusammensetzung und Eigenschaften der von Roussel et al. untersuchten selbstverdichtenden Betone 1 bis 4 [15]

Ausgangsstoff / Kennwert	Dimension	SVB			
		1	2	3	4
Zementart	[-]	CEM I 52,5 N CE PMES			
Zement	[kg/m³]	330	310	310	310
Flugasche	[kg/m³]	120	210	210	210
Fließmittel	[kg/m³]	7,1	10,8	10,8	5,2
Stabilisierer	[kg/m³]	0	1,8	1,8	1,8
Beschleuniger	[kg/m³]	0	0	6,2	9,2
Wasser	[kg/m³]	209	193	183	173
Sand 0/0,3	[kg/m³]	230	225	225	225
Sand 0/4	[kg/m³]	655	635	635	635
Kies 4/10	[kg/m³]	780	775	775	775
Setzfließmaß	[mm]	630	670	700	630
Fließgrenze $\tau_{0,i}$	[Pa]	54	40	50	70
Strukturaufbaurate A_{thix}	[Pa/s]	0,12	0,36	0,47	1,14

Das Rücksteifverhalten wurde durch Messung der zeitlichen Veränderung der Fließgrenze der Betone erfasst und kann mittels Gleichung 4 beschrieben werden.

$$\tau_0(t) = \tau_{0,i} + A_{\text{thix}} \cdot t \tag{4}$$

Hierin bezeichnet $\tau_{0,i}$ die Fließgrenze des Betons entsprechend dem Bingham-Modell gemäß Gleichung 3 unmittelbar nach dem Mischende. Der Parameter A_{thix} beschreibt die zeitliche Entwicklung der Fließgrenze und damit des Rücksteifens und wird als Strukturaufbaurate bezeichnet. Die zeitliche Entwicklung der Fließgrenze der von Roussel et al. untersuchten Betone ist in Abbildung 24 dargestellt und durch einen linearen Zuwachs der Fließgrenze gekennzeichnet. Die Zusammensetzung der Betone ist in Tabelle 7 dargestellt.

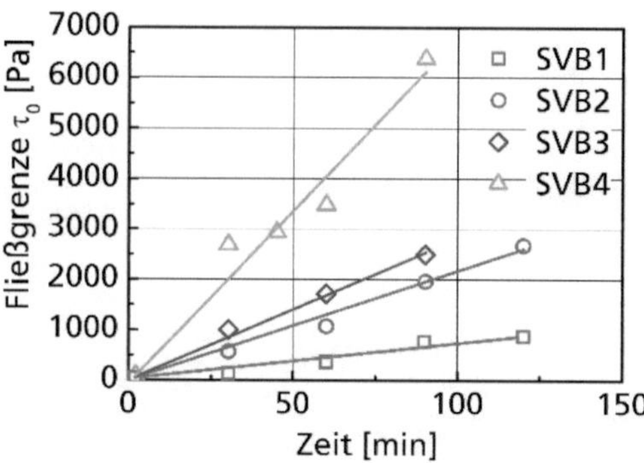

Abb. 24: Zeitliche Veränderung der Fließgrenze von vier ausgewählten selbstverdichtenden Betonen mit unterschiedlichem Rücksteifverhalten [15]

Die Ermittlung der in Abbildung 24 dargestellten Kennwerte erfolgte mit dem in Abbildung 25 dargestellten sog. Scissometer-Gerät. Hierbei handelt es sich um einen paddelartigen Rührer, der über eine Welle mit einem drehfedergelagerten Messkopf verbunden ist. Durch Eintauchen des Messkopfes in den Beton und Auslösen der Messung - d. h. durch Lösen der Feder - dreht sich das Messpaddel bis ein Gleichgewichtszustand zwischen dem vom Beton auf das Paddel ausgeübten Widerstand und dem Drehmoment der Feder erreicht ist. Dieser Wert kann am Gerät abgelesen und mittels Kalibrierparametern in die Fließgrenze des Betons - d. h. in eine Schubspannung - umgerechnet werden.

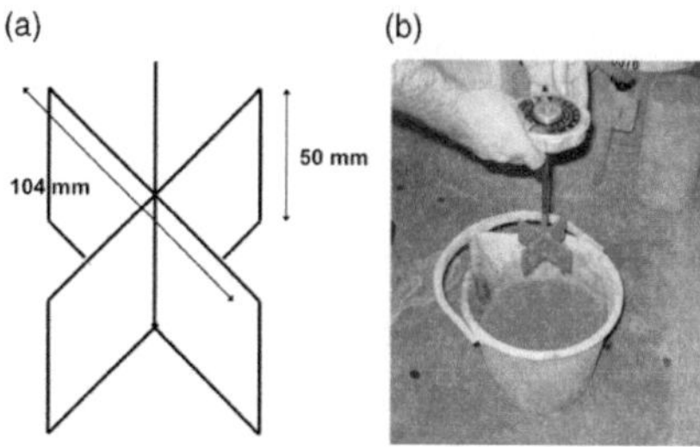

Abb. 25: Scissometer-Gerät zur Messung der Fließgrenze von Beton [15]

Abb. 26: Versuchsaufbau zur Betonage von Platten in 2 Schüttlagen [15]

Zur Bewertung der Gefahr einer Schüttlagenbildung wurden Platten mit einer Grundfläche von 40 x 45 cm hergestellt und die entsprechenden Schalungen in zwei Lagen à jeweils 10 cm befüllt. Der zeitliche Abstand zwischen dem Einfüllen der ersten und der zweiten Lage wurde zwischen 30 min und 180 min variiert. Aus den so hergestellten, zweilagigen Platten wurden nach dem erhärten Proben gesägt und die Schüttfuge im Schubversuch auf ihre mechanische Tragfähigkeit hin untersucht.

Abbildung 27 zeigt, dass mit zunehmendem Zeitabstand zwischen zwei Schüttlagen die Verbundwirkung zwischen beiden Lagen signifikant abnimmt. Die Autoren schlussfolgern weiterhin, dass dieses Problem durch eine hohe Strukturaufbaurate begünstigt wird [15]. Bei der Bewertung der Versuchsergebnisse muss jedoch beachtet werden, dass eine eventuell stattfindende Sedimentation des Betons das Versuchsergebnis signifikant beeinflusst, da dadurch die Oberflächenrauigkeit der freien Oberfläche der ersten Lage stark abnimmt.

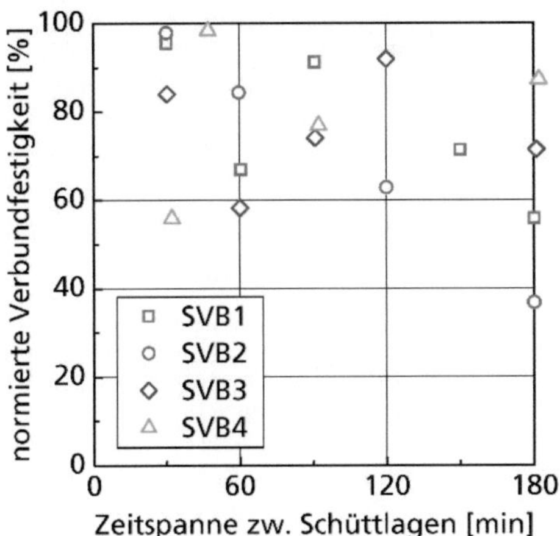

Abb. 27: Relative Verbundfestigkeit zwischen zwei Schüttlagen im Vergleich zur Scherfestigkeit einer monolithisch gegossenen Platte entsprechend Abbildung 26 in Abhängigkeit von der Verzögerung mit der die beiden Schichten gegossen wurden [15]

Auf der Grundlage der experimentellen Untersuchungen haben Roussel et al. die in Gleichung 5 dargestellte Beziehung zur Ermittlung der kritischen Zeitspanne zwischen zwei Lagen, bei der gerade noch keine signifikante Beeinträchtigung der Verbundwirkung zwischen den Lagen eintritt, vorgestellt.

$$t_{\mathrm{crit}} = \frac{\rho g h}{3{,}5 \cdot A_{\mathrm{thix}}} \tag{5}$$

Hierin bezeichnen ρ die Rohdichte des Betons, g die Erdbeschleunigung, h die Dicke der oberen Schüttlage und A_{thix} die Strukturaufbaurate gemäß Gleichung 4. Für übliche Schüttlagendicken von ca. 0,2 m bei einer Frischbetonrohdichte von 2350 kg/m^3 und einer mittleren Strukturaufbaurate A_{thix} von 0,2 Pa/s ergibt sich hieraus eine maximale zulässige Zeitspanne zwischen zwei Schüttlagen von ca. 110 min. Die zulässige Zeitdauer geht jedoch mit abnehmender Schüttlagendicke bzw. zunehmender Restrukturierungsrate stark zurück. Gleichung 5 bietet somit eine sehr einfache und praxistaugliche Möglichkeit, eine Schüttlagenbildung zu vermeiden. Dieses Verfahren ist dabei nicht nur für selbstverdichtende Betone geeignet, sondern kann prinzipiell auch auf normale Rüttelbetone übertragen werden.

4 Zusammenfassung

Der Werkstoff Beton unterscheidet sich von der Mehrzahl der baupraktisch genutzten Materialen durch seine gute plastische Formbarkeit im frischen Zustand, die nahezu jede beliebige Bauform ermöglicht. Zur gezielten Abstimmung der Frischbetoneigenschaften auf die gewünschte Bauteilgeometrie liegen bislang jedoch keine geeigneten Verfahrensweisen und Methoden vor. Dies gilt insbesondere für außergewöhnliche Bauformen, wie oben und unten geschalte horizontale Flächen, geneigte oder lotrechte Bauteile, die von unten per Pumpförderung oder in fallender Bauweise aus großer Höhe gefüllt werden sollen.

Der vorliegende Beitrag gibt zunächst einen Überblick über die grundlegenden Mechanismen des Fließverhaltens von frischem Beton. Insbesondere werden hierbei die Mechanismen der Entlüftung von frischem Beton näher betrachtet. Hierbei wird deutlich, dass die Aufstiegsgeschwindigkeit von Luftblasen im Beton mit abnehmender Viskosität des Betons zunimmt. Die Viskosität des Betons kann durch eine Anpassung der Mischungszusammensetzung jedoch nur in engen Grenzen reduziert werden, da es sonst gleichzeitig zu einem Absinken der Gesteinskörnung im frischen Zementleim kommt. Der wichtigste Ansatz, das Entlüftungsverhalten von Beton zu begünstigen besteht daher darin, den Beton einer starken Scherung beispielsweise durch Rüttlereinwirkung oder durch ein schnelles Fließen in der Schalung zu unterziehen.

Zielsetzung des Planers und des Bauausführenden muss es sein, die Schalung - und darin vorgesehene Entlüftungsöffnungen - auf die Entlüftungsgeschwindigkeit des Betons anzupassen. Hierzu liegt bislang in der internationalen Literatur nur Erfahrungswissen vor, das im vorliegenden Beitrag anhand von Anwendungsbeispielen vorgestellt wird. Systematische Untersuchungen zu dieser Frage fehlen hingegen bislang.

5 Literatur

[1] Haist, M.; Müller, H. S.: Nachhaltiger Beton - Betontechnologie im Spannungsfeld zwischen Ökobilanz und Leistungsfähigkeit. In: Nachhaltiger Beton - Werkstoff, Konstruktion und Nutzung; 9. Symposium Baustoffe und Bauwerkserhaltung, Müller, H. S., Nolting, U., Haist, M., Kromer, M. (Hrsg.), KIT Scientific Publishing, Karlsruhe, 2012, S. 29-52

[2] Ramachandran, V. S.: Concrete Admixtures Handbook - Properties, Science and Technology. Noes Publication, Park Ridge, USA, 1995

[3] Spanka, G.; Grube, H.; Thielen, G.: Wirkungsmechanismen verflüssigender Betonzusatzmittel. In: Beton (1995) Nr. 11, S. 802-808 und Beton (1995), Nr. 12, S. 876-881

[4] Tattersall, G. H.; Banfill, P. F. G.: The rheology of fresh concrete. Bitman Books Ltd., London, Großbritanien, 1983

[5] Haist, M.: Zur Rheologie und den physikalischen Wechselwirkungen bei Zementsuspensionen. Dissertation, Universität Karlsruhe (TH), KIT Scientific Publishing, Karlsruhe, 2010

[6] Deutscher Beton- und Bautechnik-Verein E. V. (Hrsg.): DBV-Merkblatt Selbstverdichtender Beton. Ausgabe Dezember 2004

[7] Wiegrink, K.-H.: Planung und Ausschreibung von Betonböden. In: Industrieböden aus Beton, 4. Symposium Baustoffe und Bauwerkserhaltung, Müller, H. S., Nolting, U., Haist, M., Kromer, M. (Hrsg.), Universitätsverlag Karlsruhe, 2007, S. 11-20

[8] Lohmeyer, G.; Ebeling, K.: Betonböden für Produktions- und Lagerhallen - Planung, Bemessung, Ausführung. Verlag Bau + Technik GmbH, Düsseldorf, 2006

[9] DIN 1045-2:2008-08: Tragwerke aus Beton, Stahlbeton und Spannbeton - Teil 2: Beton - Festlegung, Eigenschaften, Herstellung und Konformität - Anwendungsregeln zu DIN EN 206-1. Beuth Verlag, Berlin, 2008

[10] Wüstholz, T.: Experimentelle und theoretische Untersuchungen der Frischbetoneigenschaften von Selbstverdichtendem Beton. Dissertation, Universität Stuttgart, Institut für Werkstoffe im Bauwesen, 2005

[11] Dehn, F.; Reintjes, K.-H.; Tauscher, F.; Maurer, R.: Verwendung von selbstverdichtendem Beton für geneigte Brückenflächen. In: Beton-und Stahlbetonbau 97 (2002), Nr. 12, S. 657-662

[12] Taferner, J.; Sodeikat, Ch.; Bergmeister, K.: Seebad Kaltern - Skulpturale Flächentragwerke. In: Beton-und Stahlbetonbau 101 (2006), Nr. 8, pp. 622-630

[13] Tauscher, F.: Verwendung von selbstverdichtendem Beton (SVB) im Brücken-und Ingenieurbau an Bundesfernstraßen. Berichte der Bundesanstalt für Straßenwesen Heft Nr. B53, Wirtschaftsverlag NW, Verlag für neue Wissenschaft, Bremerhaven, 2006

[14] Tue, N. V. ; Dehn, F. ; Schliemann, Th.; Reintjes, K.-H.; Tauscher, F.: Anwendung von Hochleistungsbetonen bei der Bogenbrücke Wölkau im Zuge der BAB A17 - Eine kritische Betrachtung. In: Beton-und Stahlbetonbau 100 (2005), Nr. 11, S. 931-938

[15] Roussel, N ; Cussigh, F: Distinct-layer casting of SCC: The mechanical consequences of thixotropy. In: Cement and Concrete Research 38 (2008), Nr. 5, S. 624-632

[16] Helm, M.: Sichtbeton mit besonderer Herausforderung. In: Beton-Informationen (2007), Nr. 5/6, S. 80-86

[17] Deutscher Beton- und Bautechnik-Verein E. V. (Hrsg.): DBV-Merkblatt Sichtbeton. Fasung August 2004 (2. korrigierter Nachdruck)

[18] Hankers, Ch.; Schmidt, H.-G.; Matzdorff, D.: Die Großmarkthalle Frankfurt a. M. In: Beton-und Stahlbetonbau 107 (2012), Nr. 6, S. 414-420

[19] Schmidt, H.: Von der Steinkuppel zur Zeiss-Dywidag-Schalenbauweise. In: Beton-und Stahlbetonbau 100 (2005), Nr. 1, S. 79-92

[20] Maidl, B.: Handbuch für Spritzbeton. Verlag für Architektur und technische Wissenschaften, Berlin, 1992

[21] Deutscher Beton- und Bautechnik-Verein E. V. (Hrsg.): DBV-Merkblatt Betonierbarkeit von Bauteilen aus Beton und Stahlbeton. Fassung November 1996, readationell überarbeitet 2004

[22] Deutscher Beton- und Bautechnik-Verein E. V. (Hrsg.): DBV-Merkblatt Brückenkappen aus Beton. Ausgabe April 2011

6 Autoren

Dr.-Ing. Michael Haist
Prof. Dr.-Ing. Harald S. Müller
Institut für Massivbau und Baustofftechnologie
Karlsruher Institut für Technologie (KIT)
Gotthard-Franz-Str. 3
76131 Karlsruhe

Prüfung von Beton – Schlüssel für qualitativ hochwertige Gestaltung

Wolfgang Breit, Robert Adams und Bianca Bund

Zusammenfassung

Frischbeton muss so zusammengesetzt sein, dass er mit den in Aussicht genommenen Verfahren für Fördern, Einbringen und Verdichten unter den herrschenden Witterungsbedingungen verarbeitbar und vollständig verdichtbar ist, ohne Entmischungserscheinungen aufzuweisen. Frischbetonprüfungen dienen dem Nachweis, dass der Beton die im Rahmen der Erstprüfung festgelegte Zusammensetzung und eine auf den jeweiligen Anwendungsfall z. B. Förderart, Einbauverfahren, Verdichtungsverfahren, Bauteilgeometrie und Bewehrungsgrad abgestimmte Beschaffenheit aufweist und die angestrebten Eigenschaften sicher erreicht werden können. Der folgende Beitrag gibt einen Überblick über geeignete Verfahren für die Prüfung der Frischbetoneigenschaften üblicher und selbstverdichtender Betone und erläutert die Bedeutung der Frischbetoneigenschaften und deren Prüfung für das Erreichen qualitativ hochwertiger Betonbauteile auch bei komplexen Schalungsgeometrien und gestalterischen Anforderungen an die Bauteiloberflächen.

1 Einleitung

Die Anforderungen an Beton, Stahlbeton und Spannbeton sind vielfältig und hängen vom jeweiligen Verwendungszweck ab. Neben den grundlegenden Anforderungen im Hinblick auf Tragfähigkeit, Gebrauchstauglichkeit und Dauerhaftigkeit werden i. A. immer auch (Mindest-) Anforderungen an die optische Beschaffenheit der Bauteiloberfläche gestellt.

Die Eigenschaften des Festbetons werden primär durch die Eigenschaften der Ausgangsstoffe und die Mischungszusammensetzung bestimmt. Darüber hinaus jedoch auch durch die Verarbeitung und die Bedingungen während der Erhärtung.

Zur zielsicheren Erreichung der angestrebten Festbetoneigenschaften sind aus diesem Grund die Frischbetoneigenschaften, z. B. Gleichmäßigkeit der Zusammensetzung, Verarbeitbarkeit, Sedimentationsstabilität, Erhärtungsgeschwindigkeit, Temperaturentwicklung und ggf. andere, auf den jeweiligen Anwendungsfall abzustimmen.

Diese werden im Rahmen der Erstprüfung festgelegt und müssen zum Zweck der Qualitätssicherung auch während der Herstellung und Ausführung im Rahmen der Konformitätskontrolle und von Identitätsprüfungen geprüft und unter Kontrolle gehalten werden. Art und Umfang/Häufigkeit der vorzunehmenden Prüfungen sind in den einschlägigen Norm- und Regelwerken vorgegeben.

In Abhängigkeit von den Gegebenheiten des jeweiligen Anwendungsfalles kann für qualitätssichernde Maßnahmen ein größerer Aufwand erforderlich werden.

Die Weiterentwicklung des Betons von einem im Grundsatz bereits in der Antike bekannten 3-Stoff-System, bestehend aus (hydraulischem) Bindemittel, Gesteinskörnung und Wasser, zum modernen 5-Stoff-System ermöglichte seit den 80er Jahren des vergangenen Jahrhunderts die Entwicklung der selbstverdichtenden Betone (SVB). Diese weisen gegenüber herkömmlichen Betonen gänzlich andere Frischbetoneigenschaften auf, die mit besonderen Prüfverfahren geprüft werden müssen.

Aufgrund einer Vielzahl möglicher Wechselwirkungen zwischen den einzelnen Stoffgruppen weisen derartige Systeme eine mehr oder weniger starke Empfindlichkeit gegenüber Schwankungen in den Eigenschaften der Ausgangsstoffe und der Mischungszusammensetzung sowie Abweichungen gegenüber den in der Erstprüfung vorherrschenden Umgebungsbedingungen auf. Diese sind bei Betonen außerhalb des Leistungsspektrums von DIN EN 206 / DIN 1045-2, meist Hoch- und Ultrahochleistungsbetonen, besonders ausgeprägt und erfordern demzufolge einen hohen Entwicklungs- und Prüfaufwand sowie umfangreiche Maßnahmen zur Qualitätssicherung während der Bauausführung.

2 Historische Entwicklung

Qualitätsanforderungen an Baustoffe und Bauwerke sind vermutlich so alt wie das Bauen selbst. In [1] findet sich der Hinweis, dass bereits der Codex Hammurabi Vorschriften enthält, die die Qualität der Bauausführung durch Androhung drastischer Strafen steuern sollen und mithin als Mittel zur Qualitätssicherung angesehen werden können.

Freilich bleiben dabei messbare Qualitätskriterien und Prüfmethoden zu deren Kontrolle unbestimmt. Ein zielsicheres Prüfen von Baustoff- und Bauwerkseigenschaften wird erst mit der Definition von Qualitätskriterien und Angabe von Methoden zu deren Überprüfung möglich.

Wegen zunächst fehlender Kenntnisse galt bis zur Wende vom 19. zum 20. Jahrhundert das Mischungsverhältnis als die bestimmende Größe für die Betonqualität [1]. Erst mit zunehmender Forschung wurde die überragende Bedeutung des Wasserzementwertes für die Festigkeit und Dichtigkeit des Zementsteins erkannt. In zunehmendem Maß wuchs auch das Verständnis für die Bedeutung anderer Einflussgrößen wie z. B. der Gesteinskörnung (Beschaffenheit, Kornabstufung) und der Verfahrenstechnik bei der Herstellung und Verarbeitung auf die Betonqualität und damit das Bedürfnis nach der verbindlichen Festlegung von Qualitätsmerkmalen und geeigneten Prüfverfahren.

Mit dem Ziel der Klärung offener Fragen und der Festlegung verbindlicher Regeln für die Herstellung, Prüfung und Verwendung (Bemessung) der Baustoffe Beton und Stahlbeton wurden 1898 der Deutsche Beton Verein und 1907 der Deutsche Ausschuss für Eisenbeton (1941 umbenannt in Deutscher Ausschuss für Stahlbeton) gegründet. Das Deutsche Institut für Normung wurde 1917 gegründet.

1925 wurden die bis dahin bestehenden Regelungen, insbesondere die Bestimmungen des Deutschen Ausschusses für Eisenbeton für die Ausführung von Bauten aus Beton und Eisenbeton (1916 in allen Bundesstaaten amtlich eingeführt) in die Normenreihe DIN 1045, DIN 1046, DIN 1047 und DIN 1048 überführt (Tabelle 1) [2].

DIN 1045 enthielt bereits Forderungen nach einem Mindestzementgehalt von 300 kg/m^3 und einer vollständigen Verdichtung, späterhin auch Anforderungen an die Sieblinie der Gesteinskörnung und an den Wasserzementwert. DIN 1048 regelte zunächst nur die Druckfestigkeitsprüfung an Würfeln. Frischbetonprüfungen in Form einer Steifeprüfung wurden erstmals in die Neufassung der DIN 1048 im Jahr 1932 übernommen Hierzu wurde ausgeführt [3]:

„Die Steifeprüfung soll die Innehaltung einer bestimmten Steife des weichen und flüssigen Betons ermöglichen. Sie ist für die zweckmäßige Durchführung und für die Beurteilung der Druckversuche an Würfeln aus weichem und flüssigem Beton unerlässlich. Die Steife wird durch den Ausbreitversuch bestimmt. ...

Der Ausbreitversuch kommt in erster Linie in Betracht für Mischungen, die für Eisenbeton zulässig sind, nicht jedoch für erdfeuchten Beton und in der Regel auch nicht für solchen weichen und flüssigen Beton, der weniger Zement enthält als für Eisenbeton gefordert wird."

Tab. 1: Erste DIN-Normengeneration für Beton und Stahlbeton

Norm (Ausgabe)	Titel
DIN 1045 (1925-09)	Bestimmungen des Deutschen Ausschusses für Eisenbeton - Teil A: Bestimmungen für die Ausführung von Bauwerken aus Eisenbeton
DIN 1046 (1925-09)	Bestimmungen des Deutschen Ausschusses für Eisenbeton - Teil B: Bestimmungen für die Ausführung ebener Steindecken
DIN 1047 (1925-09)	Bestimmungen des Deutschen Ausschusses für Eisenbeton - Teil C: Bestimmungen für die Ausführung von Bauwerken aus Beton
DIN 1048 (1925-09)	Bestimmungen des Deutschen Ausschusses für Eisenbeton - Teil D: Bestimmungen für Druckversuche an Würfeln bei Ausführung von Bauwerken aus Beton und Eisenbeton

In die novellierte Fassung von 1944 wurde dann mit dem Eindringversuch auch ein Prüfverfahren für die Prüfung steifer Betone aufgenommen (vgl. [4]). Zur Steifeprüfung (vgl. Abbildung 1) wurde ausgeführt:

„Der Eindringversuch ist geeignet für steifen und für solchen Beton, der weniger Zement enthält als für Stahlbeton gefordert wird, der Ausbreitversuch für weichen und flüssigen Beton. Als steifer Beton gilt der vom Eindringmaß bis 12 cm, als weicher Beton der vom Ausbreitmaß 36 bis 50 cm, als flüssiger Beton der vom Ausbreitmaß 50 bis 65 cm."

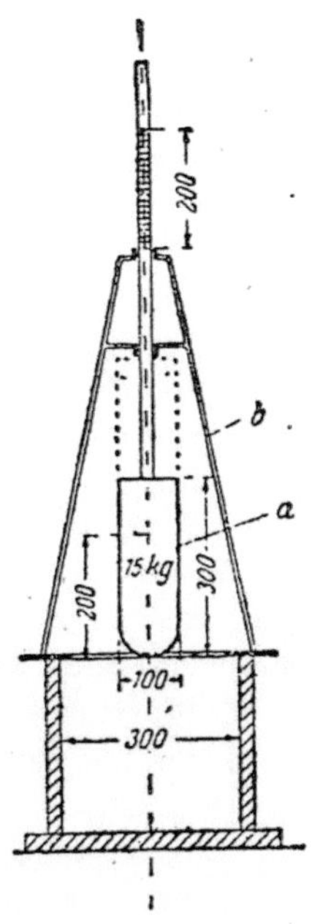

Abb. 1: Eindringgerät für die Prüfung steifer Betone (DIN 1048:1944-04)

Erst die Ausgabe 1972 enthielt den heute für die Konsistenzprüfung steifer Betone gebräuchlichen Verdichtungsversuch. Darüber hinaus auch Regelungen für den Ausbreitversuch, sowie die Prüfung der Frischbetonrohdichte, der Betonzusammensetzung, des Wasserzementwertes und des Luftporengehaltes.

In die Fassung 1991 wurde überdies noch die Frischbetontemperatur aufgenommen.

Tabelle 2 zeigt die verschiedenen Versionen der für die Prüfung der Frischbetoneigenschaften relevanten Teile der DIN 1048. Eine Übersicht über die historische Entwicklung auf dem Gebiet der Normung ist in [2], [5] und [6] enthalten, eine Zusammenstellung der aktuellen einschlägigen Produkt- und Prüfnormen findet sich in [7].

Im Rahmen der europäischen Normung wurde das Normenwerk für die Prüfung der Frischbetoneigenschaften mit den Normen DIN EN 12350 Teile 1 bis 7 Ausgabe 2000 vollständig neu gestaltet (überarbeitet herausgegeben im August 2009, Tabelle 3). Die Prüfverfahren für die Prüfung selbstverdichtender Betone wurden mit Veröffentlichung der DIN EN 206-9 in die Normreihe der Frischbetonprüfverfahren DIN EN 12350, in den Normteilen 8 bis 12, mit aufgenommen. Tabelle 3 zeigt eine Übersicht des aktuell gültigen Regelwerks.

Tab. 2: Historie der Frischbetonprüfungen nach DIN 1048 von 1925 bis 1991

Norm (Ausgabe)	Titel
DIN 1048 (1925-09)	Bestimmungen des Deutschen Ausschusses für Eisenbeton - Teil D: Bestimmungen für Druckversuche an Würfeln bei Ausführung von Bauwerken aus Beton und Eisenbeton
DIN 1048 (1932-04) (1937-10)	Bestimmungen des Deutschen Ausschusses für Eisenbeton - Teil D: Bestimmungen für Steifeprüfungen und für Druckversuche an Würfeln bei Ausführung von Bauwerken aus Beton und Eisenbeton
DIN 1048 (1944-04) (1957-02)	Bestimmungen des Deutschen Ausschusses für Stahlbeton - Teil D: Bestimmungen für Betonprüfungen bei Ausführung von Bauwerken aus Beton und Stahlbeton
DIN 1048-1 (1972-01) (1978-12) (1991-06)	Prüfverfahren für Beton - Frischbeton, Festbeton gesondert hergestellter Probekörper

Tab. 3: Aktuelle Normen für die Frischbetonprüfung (Normenreihe DIN EN 12350)

Norm (Ausgabe)	Titel
DIN EN 12350-1 (2009-08)	Prüfung von Frischbeton - Teil 1: Probenahme
DIN EN 12350-2 (2009-08)	Prüfung von Frischbeton - Teil 2: Setzmaß
DIN EN 12350-3 (2009-08)	Prüfung von Frischbeton - Teil 3: Vebe-Prüfung
DIN EN 12350-4 (2009-08)	Prüfung von Frischbeton - Teil 4: Verdichtungsmaß
DIN EN 12350-5 (2009-08)	Prüfung von Frischbeton - Teil 5: Ausbreitmaß
DIN EN 12350-6 (2009-08)	Prüfung von Frischbeton - Teil 6: Frischbetonrohdichte
DIN EN 12350-7 (2009-08)	Prüfung von Frischbeton - Teil 7: Luftgehalte, Druckverfahren
DIN EN 12350-8 (2010-12)	Prüfung von Frischbeton - Teil 8: Selbstverdichtender Beton - Setzfließversuch
DIN EN 12350-9 (2010-12)	Prüfung von Frischbeton - Teil 9: Selbstverdichtender Beton - Auslauftrichterversuch
DIN EN 12350-10 (2010-12)	Prüfung von Frischbeton - Teil 10: Selbstverdichtender Beton - L-Kasten-Versuch
DIN EN 12350-11 (2010-12)	Prüfung von Frischbeton - Teil 11: Selbstverdichtender Beton - Bestimmung der Sedimentationsstabilität im Siebversuch
DIN EN 12350-12 (2010-12)	Prüfung von Frischbeton - Teil 12: Selbstverdichtender Beton - Blockierring-Versuch

3 Prüfung von Frischbeton (gemäß aktuellem Regelwerk)

Grundsätzlich muss Frischbeton so zusammengesetzt sein, dass er mit den in Aussicht genommenen Verfahren für Fördern, Einbringen und Verdichten unter den herrschenden Witterungsbedingungen verarbeitbar und vollständig verdichtbar ist, ohne Entmischungserscheinungen aufzuweisen. Maßgebend ist, dass der erhärtete Beton die geforderten Festbetoneigenschaften aufweist.

Frischbetonprüfungen dienen dem Nachweis, dass der Beton die im Rahmen der Erstprüfung festgelegte Zusammensetzung und eine auf den jeweiligen Anwendungsfall z. B. Förderart, Einbauverfahren, Verdichtungsverfahren, Bauteilgeometrie und Bewehrungsgrad abgestimmte Beschaffenheit aufweist.

Tab. 4: Frischbetonprüfverfahren gemäß Merkblatt des Deutschen Beton- und Bautechnik Vereins „Besondere Verfahren zur Prüfung von Frischbeton" (Juni 2007)

Frischbetoneigenschaft	Prüfverfahren
Sedimentationsstabilität Ermittlung der Blutneigung	Eimerverfahren
Bestimmung des Wassergehalts von Frischbeton	Darrversuch Mikrowellenverfahren
Verarbeitbarkeit von Beton	
Einbaubarkeit des Frischbetons	Zeitabhängige Konsistenzmessung Eintauchversuch bei mit Innenrüttlern verdichteten Betonen
Ermittlung des Endes der Anschließbarkeit	Eintauchversuch Eindringwiderstand nach ASTM C 403-88 (Plastiktütenversuch gemäß DAfStb-Richtlinie „Beton mit verlängerter Verarbeitbarkeitszeit")
Weitere Verfahren, z. B	Ultraschallreflexionsmethode Messung der elektrischen Leitfähigkeit Ultraschalltransmissionsmessung

Die Prüfung des Frischbetons muss im Rahmen einer Erstprüfung, der Konformitätskontrolle und der Annahmeprüfung (Identitätsprüfung) durchgeführt werden. Frischbetonprüfungen erfolgen auf der Grundlage von DIN EN 12350-1 bis -12 (vgl. Tabelle 3) und ggf. auf der Grundlage weiterer, nicht genormter Prüfverfahren (vgl. Tabelle 4).

Weitere Prüfungen können bei Betonen für besondere Anwendungsfälle erforderlich werden, z. B. die Bestimmung des Fasergehaltes bei Faserbeton [8] (vgl. Tabelle 5), oder die Bestimmung der Wärmeentwicklung bzw. der Hydratationswärme bei Massenbeton [9].

Umfang und Häufigkeit der durchzuführenden Prüfungen sind in DIN EN 206 / DIN 1045-2 und DIN 1045-3 und den einschlägigen Regelwerken, z. B. DAfStb-Richtlinien (z. B. [8, 9, 10]) festgelegt.

Bei besonderen Verarbeitungsverfahren, z. B. Pumpenförderung, Einbringen im freien Fall, Walzbeton, oder im Rahmen von Qualitätssicherungsplänen für spezielle Bauvorhaben, z. B. bei der Verarbeitung von Betonen außerhalb des Leistungsspektrums vorhandener Regelwerke (DIN EN 206 / DIN 1045-2) können nach Art und Umfang weitergehende Prüfungen erforderlich und vereinbart werden.

Tab. 5: Weitere Frischbetonprüfverfahren

Regelwerk / Norm (Ausgabe)	Prüfverfahren
DAfStb-Richtlinie „Stahlfaserbeton" (2010-03)	Teil 2, Anhang M - Bestimmung des Stahlfasergehaltes
DAfStb-Richtlinie „Selbstverdichtender Beton (SVB)" (2012-09)	Anhang M: Prüfung des Kegelsetzfließmaßes und der Kegelauslaufzeit mittels Auslaufkegel Anhang N: Verfahren zur Bestimmung des Verarbeitbarkeitsbereichs
DIN 18127 (2012-09)	Modifizierte Proctordichte bei Walzbeton, Wassergehalt
DIN 18218 (2010-01)	Frischbetondruck auf lotrechte Schalungen (Knetbeuteltest zur Bestimmung des Erstarrungsendes)
DIN EN 445 (1996-07) (2008-01)	Fließvermögen im plastischen Zustand (Eintauchgerät, Auslauftrichter, Ausbreitmaß) Wasserabsonderung im plastischen Zustand (Messzylinder, Vertikalrohr, Schrägrohr)

Die Prüfung der Frischbetonrohdichte und des LP-Gehaltes sowie ggf. der Frischbetontemperatur, des Wassergehaltes und des Fasergehaltes ermöglicht eine Kontrolle der Abweichung zum vorgegebenen Sollwert und die Überprüfung der Gleichmäßigkeit der Betonzusammensetzung. Die Bestimmung des LP-Gehaltes kann bei Betonen ohne LP-Bildner auch zur Kontrolle der erzielbaren Verdichtung herangezogen werden. Ein Prüfverfahren, das neben dem Fasergehalt Aufschluss über die Verteilung und Ausrichtung der Fasern im Frischbeton gibt, steht derzeit nicht zur Verfügung.

Während die Bestimmung der Frischbetonrohdichte, des LP-Gehaltes, der Temperatur und ggf. des Fasergehaltes problemlos und sicher möglich ist, ist die Bestimmung des Wassergehaltes mit Unsicherheiten verbunden, da das Verfahren insbesondere bei der Bestimmung mittels Darrversuch von der Sorgfalt und Gleichmäßigkeit der Durchführung abhängt und für eine zutreffende Ergebnisermittlung die Kernfeuchte der Gesteinskörnung bekannt sein muss. In [10] wird darauf hingewiesen, dass das Verfahren i. A. zu hohe Werte für den Wassergehalt des Frischbetons liefert und deshalb empfohlen wird, Wasserzementwerte von Betonen, denen eine Wassergehaltsbestimmung durch Darren zu Grunde liegt, entsprechend kritisch zu interpretieren.

Der Fasergehalt kann ggf. nach DAfStb-Richtlinie „Stahlfaserbeton" Anhang M [8] und DIN EN 14721:2007-12 alternativ manuell an einer Frischbetonprobe durch Auswaschen oder mittels induktiver Messung ermittelt werden.

Besondere Bedeutung kommt unter baupraktischen Gesichtspunkten der Verarbeitbarkeit des Betons zu. Diese ist keine direkt messbare physikalische Größe sondern ein Oberbegriff für das Verhalten des Betons beim Mischen, Fördern, Einbringen und Verdichten, welches durch verschiedene rheologische Eigenschaften wie Viskosität, Fließgrenze und innere Reibung beeinflusst wird. Da die Gesamtheit dieser Eigenschaften, insbesondere auch die genannten rheologischen Eigenschaften ohne großen Prüfaufwand nicht prüfbar ist, wird zur Beurteilung der Verarbeitbarkeit im engeren Sinne die Frischbetonkonsistenz verwendet. Im weiteren Sinne sind im Hinblick auf die Verarbeitbarkeit unter baupraktischen Bedingungen auch das Zusammenhaltevermögen, die Sedimentationsstabilität (Bluten), die Einbaubarkeit und die Anschließbarkeit sowie der Frischbetondruck auf lotrechte Schalungen von Interesse.

Die Sedimentationsstabilität / Blutneigung, die Einbaubarkeit und die Anschließbarkeit können mit den in [10] genannten Verfahren geprüft und beurteilt werden. Für die Ermittlung des Frischbetondrucks auf lotrechte Schalungen ist die Bestimmung des Erstarrungsendes erforderlich. Dieses kann mit dem Vicat-Penetrationsverfahren nach DIN EN 480-2 am Mörtel oder nach DIN 18218 mit Hilfe des Knetbeuteltests bestimmt werden. Der Knetbeuteltest bietet dabei den Vorteil, dass hierbei die tatsächliche Betonmischung einschließlich aller Zusätze verwendet wird und das Prüfverfahren baustellentauglich ist. Für die Bestimmung des Erstarrungsendes sind mittlerweile auch baustellentaugliche Ultraschallmessgeräte zur Marktreife entwickelt worden (vgl. [11, 12, 13]).

Selbstverdichtende Betone weisen gegenüber traditionellen Betonen eine andere Zusammensetzung und andere Eigenschaften auf. Sie müssen ohne Zufuhr von Verdichtungsenergie fließfähig, selbstverdichtend und selbstentlüftend und darüber hinaus sedimentationsstabil sein und dürfen keine ausgeprägte Blockierneigung besitzen.

Die Prüfverfahren für selbstverdichtenden Beton für die genannten Eigenschaften sind in DIN EN 12350-8 bis 12 (Tabelle 3) beschrieben. Mit Hilfe der ermittelten Kennwerte können selbstverdichtende Betone nach DIN EN 206-9 in Klassen eingeteilt werden, mit deren Hilfe der Anwendungsbereich genauer festgelegt werden kann.

Während bei Normalbetonen die Konsistenzbestimmung in Form eines einzigen Wertes wie Verdichtungsmaß, Ausbreitmaß, Setzmaß oder Vebe-Zeit für die Beurteilung der Verarbeitbarkeit ausreichend ist, ist diese Vorgehensweise bei selbstverdichtenden Betonen nicht mehr ausreichend bzw. zielführend. Für derartige Betone werden Informationen über das rheologische Verhalten, d. h. Fließgrenze und Viskosität benötigt.

Wegen des mit einer direkten Messung in einem Rheometer verbundenen hohen Prüfaufwandes werden beide Größen indirekt über die Bestimmung des Setzfließmaßes und der Trichterauslaufzeit gewonnen, wobei das Setzfließmaß mit der Fließgrenze und die Trichterauslaufzeit mit der dynamischen Viskosität korreliert. Mit Hilfe dieser beiden Kennwerte, die im Rahmen der Erstprüfung ermittelt werden, lässt sich für einen selbstverdichtenden Beton ein individuelles Verarbeitungsfenster konstruieren, bei dessen Einhaltung sichergestellt ist, dass der Beton ausreichend fließfähig, sedimentationsstabil und selbstentlüftend ist und keine Stagnation auftritt (Abbildung 2). Wegen des Temperatureinflusses der rheologischen Eigenschaften ist zu beachten, dass ein selbstverdichtender Beton trotz gleicher Zusammensetzung bei unterschiedlichen Temperaturen unterschiedliche Verarbeitungsfenster aufweisen kann.

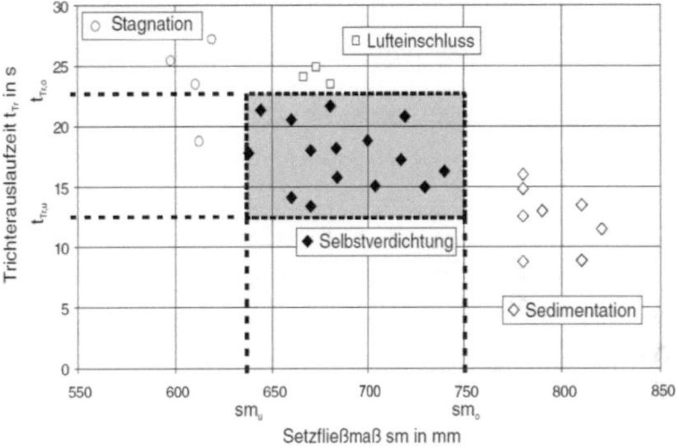

Abb. 2: Verarbeitungsfenster für selbstverdichtenden Beton [14]

Während die Bestimmung der beiden Kennwerte im Labor einen vertretbaren Aufwand darstellt, bereitet die Ermittlung der Trichterauslaufzeit bei selbstverdichtendem Beton als Transportbeton bei Annahmeprüfungen auf der Baustelle Probleme, da der Einbauvorgang durch diese zusätzliche Prüfung und die zeitaufwendige Reinigung des Trichters behindert werden kann.

Um den Prüfaufwand bei der Übergabe zu vereinfachen, wurde deshalb ein baustellentaugliches Prüfgerät, der sogenannte „Auslaufkegel" entwickelt (vgl. Abbildung 3), mit dem die beiden maßgeblichen Prüfwerte - Setzfließmaß und Trichterauslaufzeit - in einem Versuch ermittelt werden können. Aufgrund der hohen Praxisrelevanz des Verfahrens wurde dieses mit Novellierung der DAfStb-Richtlinie „Selbstverdichtender Beton (SVB)" in die Richtlinie mit aufgenommen (Anhang M) [14].

Abb. 3: Auslaufkegel für selbstverdichtenden Beton zur Prüfung der Auslaufzeit und des Setzfließmaßes [15]

Ähnliche Probleme bereitet die Bestimmung der Sedimentationsstabilität unter Baustellenbedingungen mit dem in DIN EN 12350-11 beschriebenen Siebversuch. Ein einfach zu handhabender Schnelltest in Form eines Kugeleindringversuchs, bei dem das Verhalten der groben Gesteinskörner durch eine Kugel gleicher Dichte und gleichen Durchmessers wie das verwendete Größtkorn simuliert wird, ist in [16] beschrieben (Abbildung 4).

Gegenüber normalen Betonen weist die Bestimmung der Frischbetonrohdichte und des Luftporengehaltes bei selbstverdichtendem Beton die Besonderheit auf, dass der Beton zum Entlüften über eine 1 m lange Rinne in das Prüfgerät laufen muss und nicht mehr durch zusätzliche Energiezufuhr verdichtet werden muss.

Neben den in DIN EN 12350 Teilen 8 bis 12 beschriebenen Prüfverfahren, gibt es weitere, nicht genormte Verfahren, wie z. B. den U-Kasten-Versuch zur Beurteilung der Nivellierfähigkeit und der Blockierneigung, den Zylinder-Sedimentations-versuch zur Beurteilung der Sedimentationsstabilität und einen am Forschungsinstitut der Zementindustrie, Düsseldorf, entwickelten Tauchstabversuch zur Beurteilung der Sedimentationsneigung [17].

Allen bisher genannten Prüfverfahren ist gemeinsam, dass sie gut für die Kontrolle der Abweichungen von einer Sollvorgabe und der Gleichmäßigkeit eingesetzt werden können. Sie erlauben eine Klassifizierung, die aufgrund von Erfahrungswerten die Aussage der Eignung für ein bestimmtes Bauvorhaben ermöglicht. Sie können jedoch nicht das reale Verhalten in der jeweiligen Einbausituation beschreiben. Teilweise, wie z. B. bei der Überprüfung des Fasergehaltes bei Faserbetonen können die relevanten Eigenschaften „Faserverteilung" und „Faserausrichtung" mit den Prüfverfahren gar nicht erfasst werden.

Ebenso kann die Beschaffenheit der Betonoberfläche, die sich aus einem komplexen Zusammenspiel verschiedener Faktoren, z. B. Schalungsbeschaffenheit, Trennmittel, Frischbetoneigenschaften, Umgebungsbedingungen und Verarbeitung ergibt, nicht vorausgesagt werden.

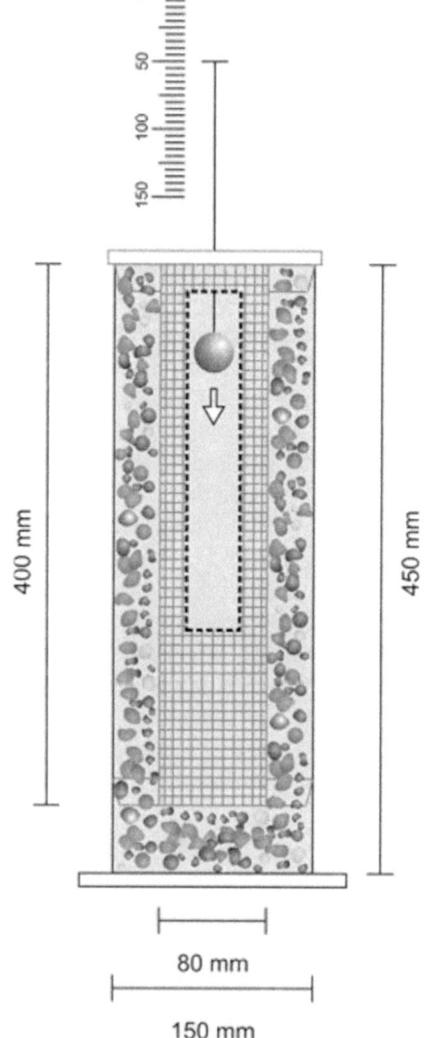

Abb. 4: Kugeleindringversuch zur Bestimmung der Sedimentationsstabilität von selbstverdichtendem Beton [16]

Aus diesen Gründen müssen vor der Ausführung häufig zusätzliche Prüfungen an Probeflächen oder Probekörpern im realen Maßstab vorgenommen werden. Wegen des damit verbundenen Aufwandes werden in der Forschung verstärkt Anstrengungen unternommen, um das Frischbetonverhalten mit Hilfe von Hochleistungsrechnern simulieren und für den jeweiligen Anwendungsfall zutreffender voraussagen zu können (vgl. Abbildung 5 und 6 aus [18]).

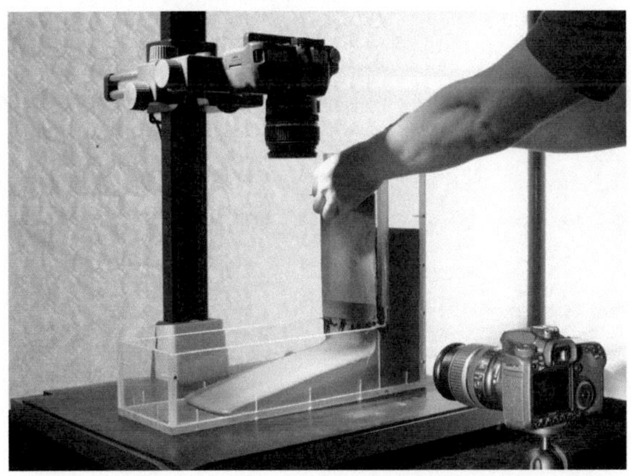

Abb. 5: Experimentelle Untersuchung des Fließverhaltens mit Hilfe eines L-Box-Versuches [18]

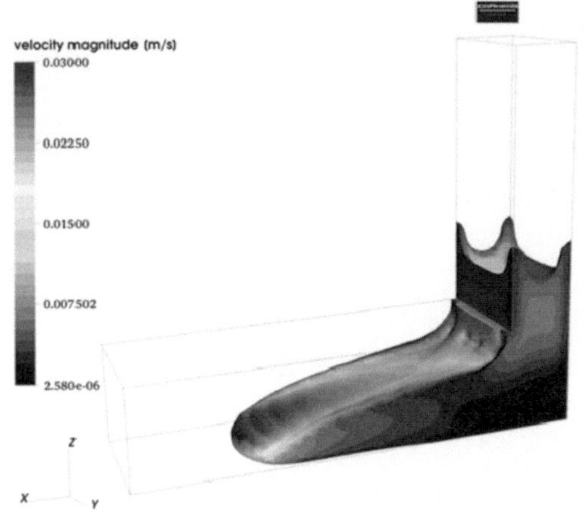

Abb. 6: Numerische Simulation des L-Box-Versuches [18]

4 Anforderungen an Frischbeton bei Bauteilen mit Anforderungen an die Gestaltung bei komplexer Bauteil-/ Schalungsgeometrie und Wege der Qualitätssicherung

Neben dem traditionellen Einsatzgebiet als reiner Konstruktionsbaustoff, hat sich der moderne Beton mittlerweile auch Anwendungsgebiete erschlossen, die von der Vielfalt der Sichtbetongestaltung [19] in der Architektur bis hin zu Einrichtungs- und Gebrauchsgegenständen und sogar Kunstwerken reichen.

Insbesondere die Entwicklung von Hoch- und Ultrahochleistungsbetonen mit selbstverdichtenden Eigenschaften bietet der Architektur die Möglichkeit zur Ausbildung äußerst filigraner Strukturen bei gleichzeitig möglichst freier Formgebung.

Neben der ausgezeichneten Oberflächenbeschaffenheit, die zudem alle Möglichkeiten einer weiteren Bearbeitung bietet, und der Möglichkeit der farblichen Gestaltung durch Pigmentzugabe oder die Verwendung farbiger Gesteinskörnungen weisen diese Baustoffe aufgrund der hohen Dichte auch gute Dauerhaftigkeitseigenschaften auf. Darüber hinaus können die Betonzusammensetzungen auf nahezu alle denkbaren Anforderungen hin ausgelegt werden.

Die nachfolgenden Beispiele illustrieren verschiedene Möglichkeiten, die diese Baustoffe bieten:

Beispiel 1: Hochwärmedämmende, monolithische Sichtbetonaußenbauteile aus Architekturleichtbeton [20]

Ziel: Kombination der physikalischen Eigenschaften eines hochwärmedämmenden Leichtbetons mit den optischen Eigenschaften eines Sichtbetons

Anforderungen an den Beton:

- selbstverdichtende Fließeigenschaften ohne Entmischung
- Trockenrohdichte < 700 kg/m^3;
- Frischbetonrohdichte ~ 720 kg/m^3
- ausreichende Druckfestigkeit
- Dauerhaftigkeit, geringe Wasseraufnahme
- Wärmeleitfähigkeit gemäß ENEV

Betonzusammensetzung:

- Zemente mit langsamer Hydratationswärmeentwicklung
- Leichte Gesteinskörnung aus industriell aufgeblähtem Recyclingglas (Korngrößen 0,25/0,5 mm, 1/2 mm und 4/8 mm)
- PCE-FM in Kombination mit Stabilisierer, Schaumbildner, Schwindreduzierer, hydrophobierendem Zusatzmittel

Ausführung: Zur Erreichung der geforderten Eigenschaften war die Verwendung spezieller Leichtzuschläge aus Blähglas und ein Aufschäumen der Zementsteinmatrix erforderlich (Abbildung 7). Die Herstellung des Architekturleichtbetons erfolgte unter Baustellenbedingungen direkt im Mischfahrzeug.

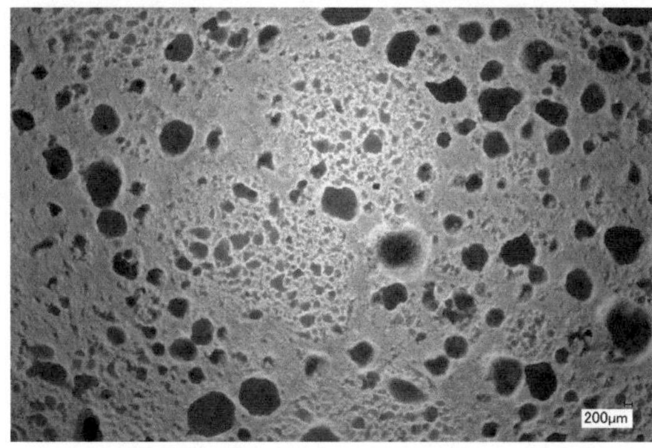

Abb. 7: Geschäumte Zementsteinmatrix mit Blähglaszuschlag

Die Bestimmung der Mischdauer und der damit zusammenhängenden Schaumbildung wurde auf der Baustelle durch kontinuierliche Kontrolle der Frischbetonrohdichte und des Setzfließmaßes vorgenommen, um den Einbauzeitpunkt des Leichtbetons festzulegen und die geforderten Festbetoneigenschaften zielsicher zu erreichen.

Beispiel 2: Parabolrinne [21]

Ziel: Erstellung eines Großdemonstrators aus hochfestem Beton im Rahmen des DFG Schwerpunktprogramms 1542 „Leicht Bauen mit Beton", Teilprojekt „Leichte verformungsoptimierte Schalentragwerke aus mikrobewehrtem UHPC am Beispiel von Parabolrinnen solarthermischer Kraftwerke", Kooperation der Ruhr-Universität Bochum und der Technischen Universität Kaiserslautern, Fachgebiet Massivbau und Baukonstruktion, Herstellung des Demonstrators im Labor für Konstruktiven Ingenieurbau der Technischen Universität Kaiserslautern (Abbildung 8).

Konstruktion (vgl. Abbildung 9):

Kollektorlänge l:	3,20 m
Öffnungsweite w:	2,20 m
Fokallänge f	0,78 m
Schalendicke	
am freien Rand	20 mm
im Scheitel	30 mm
Bewehrung:	Betonstahlmatte Q188A, konstruktiv

Abb. 8: Fertiggestellter Demonstrator an der Technischen Universität Kaiserslautern (DFG Schwerpunktprogramm 1542 „Leicht Bauen mit Beton"

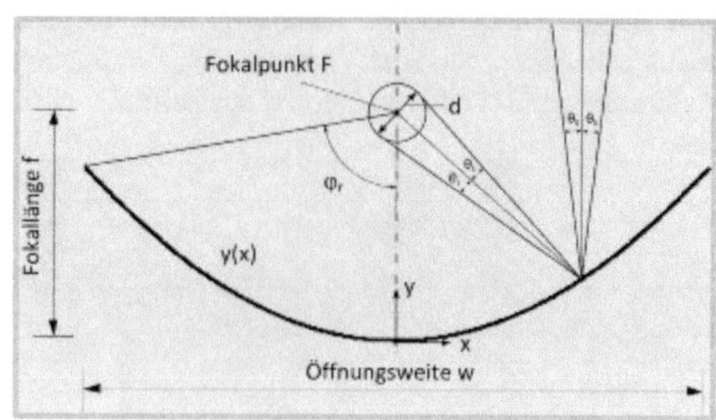

Abb. 9: Geometrischer Aufbau eines Parabolsegments

Betonzusammensetzung:

Nanodur ® Compound 5941 weiß	1.042,0 kg/m³
Wasser	160,0 kg/m³
Splitt 1/3	882,0 kg/m³
Sand 0/2	426,0 kg/m³
Fließmittel:	
„Glenium ACE 430" BASF	20,3 kg/m³
Schwindreduzierer:	
„Eclipse® Floor" Firma	
Grace Bauprodukte GmbH	8,0 kg/m³

Schalung: Sonderschalung Fratec Firma Max Frank GmbH und Co. KG (Polystyrolkern mit Schalhaut aus selbstklebender Folie)

Verspiegelung: PVD-beschichtetes Aluminiumblech, Stärke 0,5 mm, auf der Betonschale verklebt

Beispiel 3: Longboard

Ziel: Entwicklung eines fahrtüchtigen Longboard aus Beton im Rahmen des aktuellen Forschungsthemas „Freigeformte Bauteile aus Faserbetonen" im Fachgebiet „Werkstoffe im Bauwesen" an der Technischen Universität Kaiserslautern

Konstruktion: Mehrfach gekrümmtes Deck, Dicke im Randbereich von 5 mm

Anforderungen an den Beton:

- Selbstverdichtend und selbstentlüftend
- Sichtbetonqualität der Oberfläche
- Hohe Festigkeit
- Hohe Elastizität

Schalung: Matrizenschalung aus einem zweikomponentigen Elastomer (RECKLI®)

Betonzusammensetzung: Feinkornbeton mit Bewehrung aus mehreren Lagen Carbontextil und beigemischten Glasfasern

Abb. 10: Longboard aus hochfestem selbstverdichtendem Beton

Sieht man von den Möglichkeiten der 3D-Drucktechnologie ab, die sich bereits für die Betonbauweise andeuten (vgl. hierzu [22, 23, 24]), und dem Bestreben konventionelle Bewehrung möglichst durch Faserzugabe zu ersetzen, müssen tragende Strukturen nach wie vor geschalt und bewehrt werden.

Im Falle komplexer, frei geformter Schalungsgeometrien und filigraner Bauteilausbildung ist eine manuelle Verdichtung i. A. nicht möglich, so dass alle Anforderungen an die Dichtigkeit und die Oberflächenbeschaffenheit allein durch die Beschaffenheit des Frischbetons erfüllt werden müssen. In diesen Fällen können letztlich nur selbstverdichtende Betone eingesetzt werden, die insbesondere selbstentlüftend und sedimentationsstabil sein müssen.

Für die Prüfung der Frischbetoneigenschaften steht die in Abschnitt 2 geschilderte Palette der Prüfverfahren mit den dort getroffenen Einschränkungen zur Verfügung. Wichtiger als die Prüfverfahren ist jedoch im Hinblick auf die Ausführungsqualität die gegenüber normalen Betonen deutlich stärker ausgeprägte Empfindlichkeit gegenüber Schwankungen in der Qualität und Zusammensetzung der Ausgangsstoffe, der Gleichmäßigkeit der Mischungszusammensetzung über den Ausführungszeitraum sowie der Temperaturverhältnisse während der Betonage.

Diese ist nicht allein wegen der auch bei traditionellen Sichtbetonen erforderlichen Gleichmäßigkeit im Hinblick auf die optischen Eigenschaften sondern insbesondere wegen der Funktionsfähigkeit von größter Bedeutung und erfordert entsprechend hohen Aufwand für Qualitätssicherungsmaßnahmen. Entsprechende Maßnahmen sind in [25] beschrieben.

Im Hinblick auf reproduzierbare Mischungszusammensetzungen ist dabei vor allem eine zutreffende Erfassung der Feuchte der Gesteinskörnung, insbesondere der feinen Fraktion (Sand) von Bedeutung, da diese die Nettodosierung der Gesteinskörnungen und damit eine gleichbleibende Farb- und Bindemittelkonzentration gewährleistet.

Darüber hinaus ist auch der Gesamtfeuchtegehalt einer Mischung zu kontrollieren. Entsprechende Messtechnik in Form von Sensoren für die Messung am oder im Zuschlagsilo, im Mischer sowie der Temperatur im Transportfahrzeug steht zur Verfügung, z. B. [26, 27, 28].

Da selbstverdichtende Betone ein genaues Abbild der Schalungsoberflächen liefern, ist der Ausbildung der Schalung größte Aufmerksamkeit zu widmen. Dies betrifft sowohl die Sauberkeit als auch die Dichtigkeit. Bei komplexen Bauteilgeometrien sind überdies ausreichende Entlüftungsmöglichkeiten und Kontrollmöglichkeiten des Füllstandes vorzusehen. Wie in [25] empfohlen, ist vor Ausführungsbeginn ein Verarbeitungsversuch unter Praxisbedingungen unerlässlich.

Eine Besonderheit selbstverdichtender Betone ist bisher darin zu sehen, dass die Funktionsfähigkeit i. A. nur mit speziell aufeinander abgestimmten Bestandteilen mit engen Toleranzbreiten gegeben ist. Ein Weg, hier Abhilfe zu schaffen, besteht in der Bereitstellung von Compounds (vgl. z. B. [29, 30, 31, 32]), vorgefertigten Mischungen aus optimierten Bindemitteln und Feinstkornfraktionen, die die Verwendung lokal vorhandener Gesteinskörnungen und nach Firmenaussagen auch verschiedener Zusatzmittel ermöglichen [30]. Gleichwohl ist auch für das Funktionieren dieser Systeme die Kontrolle und Konstanthaltung des Wassergehalts von essentieller Bedeutung.

5 Literatur

[1] Stark, J., Wicht, B. (1998) Geschichte der Baustoffe. Wiesbaden, Bauverlag GmbH, Berlin

[2] Deutscher Ausschuss für Stahlbeton (2007) Gebaute Visionen - 100 Jahre Deutscher Ausschuss für Stahlbeton, Beuth Verlag GmbH, Berlin, Wien, Zürich

[3] BetonKalender 1938 Taschenbuch für den Beton und Eisenbetonbau, Verlag von Wilhelm Ernst & Sohn, Berlin

[4] BetonKalender 1951, Verlag von Wilhelm Ernst & Sohn, Berlin

[5] Fingerloos, F. (2009) Historische Technische Regelwerke für den Beton-, Stahlbeton- und Spannbetonbau, Bemessung und Ausführung, Ernst & Sohn Verlag für Architektur und technische Wissenschaften GmbH & Co. KG, Berlin

[6] BetonKalender 2009 Konstruktiver Hochbau, Aktuelle Massivbaunormen, 2009, Ernst & Sohn, Verlag für Architektur und technische Wissenschaften GmbH & Co. KG, Berlin

[7] Zimmer, U., Wöhnl, U., Breit, W. (2012) Handbuch der Betonprüfung, Prüfanleitungen und Beispiele, 6. überarb. Auflage, Verlag Bau + Technik GmbH, Düsseldorf

[8] DAfStb-Richtlinie „Stahlfaserbeton" (2010) Deutscher Ausschuss für Stahlbeton, Beuth-Verlag

[9] DAfStb-Richtlinie „Massige Bauteile aus Beton" (2005) Deutscher Ausschuss für Stahlbeton, Beuth-Verlag

[10] DBV-Merkblatt „Besondere Verfahren zur Prüfung von Frischbeton" (2007) Deutscher Beton- und Bautechnik-Verein E. V., Fassung 6/2007

[11] http://www.solidcheck.de/ (Zugriff vom 17.02.2014)

[12] http://www.beus-controls.de/ (Zugriff vom 17.02.2014)

[13] Voigt, T., Dehn, F., Sha, S.P. (2004) Zerstörungsfreie Prüfung von jungem Beton mittels einer Ultraschallreflexionsmethode. Bautechnik 81, Heft 6, S. 468-479

[14] DAfStb-Richtlinie „Selbstverdichtender Beton" (2012) Deutscher Ausschuss für Stahlbeton, Beuth-Verlag.

[15] Kordts, S., Breit, W. (2004) Kombiniertes Prüfverfahren zur Beurteilung der Verarbeitbarkeit von Selbstverdichtenden Betonen - Auslaufkegel. beton 54, Heft 4, S. 213-219

[16] Lowke, D., Schießl, P. (2007) Schnelltest zur Bestimmung der Sedimentationsbeständigkeit selbstverdichtender Betone. beton 57, Heft 3, S. 2-5

[17] Kordts, S., Breit, W. (2003) Beurteilung der Frischbetoneigenschaften von selbstverdichtendem Beton. beton 53, Heft 11, S. 565-571

[18] Heese, C. (2014) Simulation des rheologischen Verhaltens von zementgebundenen Feinkornsystemen, Dissertation, TU Kaiserslautern

[19] DBV-Merkblatt „Sichtbeton" (2004) Deutscher Beton- und Bautechnik-Verein E.V., Fassung 8/2004

[20] Breit, W., Schulze, J., Schnell, J. (2014) Hochwärmedämmende, monolithische Sichtbetonaußenteile aus Architekturleichtbeton. Proceedings 58. Beton Tage, Neu-Ulm

[21] Müller, S., Forman, P., Schnell, J., Mark, P. (2013) Leichte Schalen aus hochfestem Beton als Parabolrinnen solarthermischer Kraftwerke, Entwurf und Realisierung eines Demonstrators. Beton- und Stahlbetonbau 108, Heft 11, S. 752-762

[22] http://www.deutsche-mittelstands-nachrichten.de/2014/01/58431/ (Zugriff vom 17.02.2014)

[23] http://www.heise.de/tr/artikel/Die-perfekte-Betonwand-1225010.html (Zugriff vom 17.02.2014)

[24] http://www.buildfreeform.com (Zugriff vom 17.02.2014)

[25] DBV-Merkblatt „Selbstverdichtender Beton (SVB)" (2004) Deutscher Beton- und Bautechnik Verein E.V., Fassung 12/2004

[26] Moisture measurement, Feuchtemessung in BFT 02/2011, S. 278 - 281, www.bft-online.info, (Zugriff vom 17.02.2014)

[27] Kickstein, J. (2004) Optimierte Feuchtemessung in der Betonfertigteilherstellung. BFT international, Heft 4, S. 6-12

[28] Müller, H.(Ludwig, F. Gesellschaft für Mess- und Regeltechnik mbH, Mainz, Germany) (2013) Innovationen in der Mikrowellen-Feuchtemesstechnik und erweiterte Einsatzmöglichkeiten bei der Herstellung von Hochleistungsbetonen. http://www.schleibinger.com/cmsimple/?Aktuelles:Veranstaltungen:22._Workshop_und_Kolloquium_Rheologische_Messungen_an_Baustoffen_06.03_und_07.03.2013%2C_Regensburg (Zugriff vom 17.02.2014)

[29] http://www.durcrete.de/default.aspx (Zugriff vom 17.02.2014)

[30] http://www.dyckerhoff.de/online/Home/Zement/Premium-Zement/NANODUR.html (Zugriff vom 17.02.2014)

[31] http://www.dyckerhoff-weiss.de/online/Home/Produkte/FLOWSTONE.html (Zugriff vom 17.02.2014)

[32] http://www.ducon.de/ (Zugriff vom 17.02.2014)

6 Autoren

Prof. Dr.-Ing. Wolfgang Breit
Wiss. Angest. Robert Adams
Dipl.-Ing. Bianca Bund
Fachgebiet Werkstoffe im Bauwesen
Technische Universität Kaiserslautern
Gottlieb-Daimler-Str. Geb. 60
67663 Kaiserslautern

Textilbeton – Gestaltung ohne Grenzen?

Frank Schladitz, Enrico Lorenz und Tobias Walther

Zusammenfassung

Der Werkstoff Textilbeton stellt innerhalb des Bauwesens eine bahnbrechende Entwicklung dar. Sein hohes Leistungsvermögen und die vielseitige Einsetzbarkeit konnte er bereits bei zahlreichen Projekten zeigen. Der Unterschied zwischen Textil- und Stahlbeton besteht nicht nur in den verwendeten Materialien, sondern auch oft in den Einsatzgebieten. Dort, wo der Stahlbeton die Baubranche dominiert, kann Textilbeton ihn bisher nicht verdrängen. Vielmehr füllt er Lücken aus oder ergänzt Stahlbeton dort, wo dieser Nachteile offenbart. Ein Beispiel hierfür ist die Anwendung zur Verstärkung von Betonbauteilen. Noch bestehende Einsatzgrenzen sollen jedoch im Rahmen weiterer Forschungen aufgehoben werden. Dadurch werden die ökonomischen und ökologischen Vorteile noch umfassender nutzbar.

1 Einleitung

Beton ist heute der erfolgreichste Baustoff weltweit. Da er nur eine relativ geringe Zugfestigkeit besitzt, wird er in der Regel mit Bewehrungsstahl kombiniert. Dieser Stahl kann rosten. Zu seinem Schutz sind einige Zentimeter Betonumhüllung notwendig, was dicke Schichten bedingt und damit das Eigengewicht erhöht. Eine Alternative stellt die Verwendung von gebündelten textilen Hochleistungsfasern als endlose und korrosionsunempfindliche Betonbewehrung dar. Der entstehende Verbundbaustoff wird als Textilbeton bezeichnet.

Textilbeton zeichnet sich in erster Linie durch seine Leichtigkeit bei gleichzeitig hoher Tragfähigkeit aus. Er eignet sich sowohl zur Herstellung neuer als auch für die Verstärkung bestehender Bauteile.

Textilbeton ist auf dem Weg in die Baupraxis nicht mehr aufzuhalten. Dies beweisen eine Vielzahl von Anwendungen, siehe [1].

Bereits heute ist Deutschland Leitanbieter bei Textilbeton. Diese Stellung gilt es auch zukünftig zu erhalten und auszubauen.

2 Textilbeton – Was ist das?

2.1 Entwicklung

Textile Hochleistungsbewehrungen aus Carbon- oder Glasfasern sind bei der Herstellung hochbeanspruchter Konstruktionen außerhalb des Bauwesens nicht mehr wegzudenken. Beispiele hierfür finden sich besonders im Fahrzeug- und Flugzeugbau.

Bereits 1994 wurde daher an der TU Dresden begonnen, das Tragverhalten gebündelter und gerichteter Endlosgarne hinsichtlich der Eignung als Betonbewehrung zu untersuchen. Grundgedanke der Entwicklung war es, die Vorteile der aus dem Stahlbeton bekannten kraftflussgerechten Anordnung von Zugbewehrungen mit den hohen Tragfähigkeiten gebündelter und korrosionsunempfindlicher Hochleistungsfasern zu verbinden, vgl. Abbildung 1.

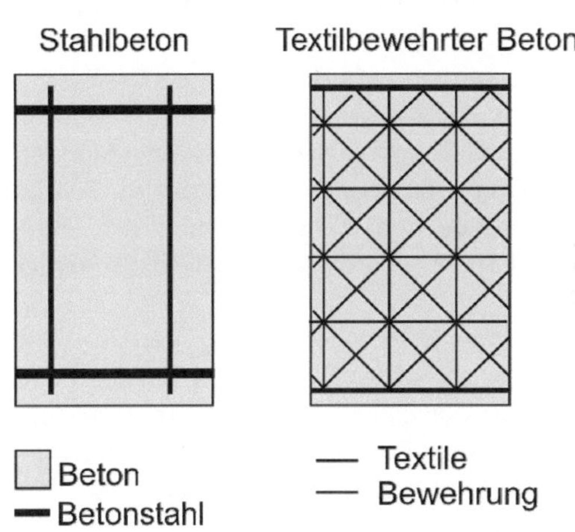

Abb. 1: Vergleich der verschiedener Bewehrungsformen, nach [2]

Da aller Anfang schwer ist, brauchte es einige Versuche, bis die Symbiose zwischen Textilien und Beton funktionierte. In Folge des großen Potenzials von Textilbeton konnten jedoch bereits 1999 zwei Sonderforschungsbereiche zur erweiterten und detaillierten Erforschung des Verbundbaustoffs Textilbeton von der Deutschen Forschungsgemeinschaft (DFG) eingerichtet werden.

Zu Beginn der Textilbetonforschung wurden hauptsächlich textile Bewehrungen aus alkaliresistenten (AR) Glasfasern verwendet. Mit diesen Bewehrungen war es möglich, funktionsfähige Tragkonstruktionen herzustellen. Ein Beispiel hierfür ist die erste

Textilbetonbrücke zur Landesgartenschau in Oschatz im Jahre 2006 [3]. Im Laufe der Weiterentwicklung des Verbundbaustoffes Textilbeton wird jedoch zunehmend auf textile Bewehrungen auf Basis der deutlich tragfähigeren Carbonfasern zurückgegriffen. Diese erscheinen ideal für die Anwendung in Textilbeton. Die Suche nach neuen Fasermaterialien geht indes stetig voran. So wird zum Beispiel aktuell der Einsatz von Basaltfasern in Textilbeton erprobt.

Neben der ursprünglichen Nutzung als Zugbewehrung können textile Bewehrungen zudem weitere Funktionen in Bauwerken übernehmen. Beispiele hierfür sind aktuelle Forschungen zur Anwendung für die Datenübertragung oder die Beheizung von Räumen [4].

2.2 Materialien

2.2.1 Beton

Für den Einsatz in Textilbeton können unterschiedliche Betone verwendet werden. Die Betoneigenschaften sind jedoch auf das jeweilige Anwendungsziel und die Geometrie der textilen Bewehrungen abzustimmen.

Für die Verwendung von Textilbeton zur Verstärkung von Betonkonstruktionen kommen im Regelfall hochfeste Feinbetonmatrices, bestehend aus Zement, Flugasche, Silikastaub, Quarzsand, Fließmittel und Wasser, mit einem Größtkorndurchmesser von ca. 1 bis 4 mm zum Einsatz, vgl. [5]. Die feine Betonstruktur gewährleistet neben einer guten Durchdringung der textilen Bewehrungen die Herstellung sehr geringer Schichtdicken. So können extrem dünne und leichte Textilbetonschichten mit Mindesthöhen von lediglich 6 mm hergestellt werden.

Zur lagenweisen Herstellung von Textilbetonverstärkungsschichten hat sich eine pastöse Form der Matrix als günstig erwiesen. Bei Verwendung des Gießverfahrenes zur Herstellung von analog zum Stahlbeton gegossenen Einzelbauteilen können jedoch auch sehr fließfähige Betone verwendet werden.

Eine im Rahmen der Textilbetonforschung entwickelte Fertigmischung, welche sich insbesondere für Verstärkungsmaßnahmen eignet, kann bereits von der Firma PAGEL bezogen werden.

2.2.2 Textilien

Zur Herstellung textiler Bewehrungen für das Bauwesen können unterschiedliche Fasermaterialien zur Anwendung kommen. Den größten Anteil bilden momentan Kunstfasern aus AR-Glas und Carbon. Die innerhalb von textilen Bewehrungen verarbeiteten Garne bestehen aus tausenden Einzelfasern, den sogenannten Filamenten, siehe Abbildung 2.

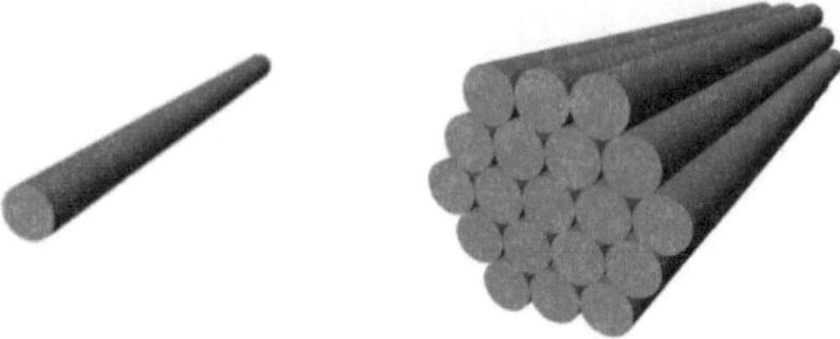

Abb. 2: Von der Faser zum Garn [6]

Die gebündelten Einzelgarne werden auf Textilmaschinen zu offenen gitterartigen Bewehrungsstrukturen verarbeitet. Abbildung 3 zeigt ein typisches zweidimensionales Carbontextil mit einer parallelen Garnanordnung in 0°/90°-Richtung. Die Verläufe und die Anzahl der Garnlagen können kraftflussgerecht angepasst werden. Auch die Herstellung dreidimensionaler Bewehrungsstrukturen ist möglich.

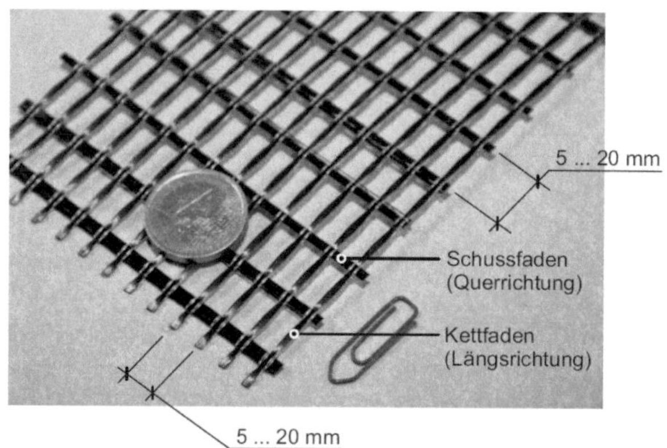

Abb. 3: typisches biaxiales Carbongelege im Vergleich, aus [7]

Zur Stabilisierung der textilen Bewehrungen wird im Regelfall nach Abschluss des Herstellungsprozesses eine zusätzliche Beschichtung des Textils auf Kunstharz- oder Polymerbasis aufgetragen [7]. Diese Zusatzbeschichtung führt in Abhängigkeit des Beschichtungs- und Durchdringungsgrades zu einer Homogenisierung des Tragverhaltens der Textilien und ermöglicht eine maßgebliche Beeinflussung und Steuerung der Festigkeits- und Verbundeigenschaften [5].

2.3 Herstellung von Textilbeton

Textilbeton kann prinzipiell mit einer Vielzahl unterschiedlicher Methoden hergestellt werden, siehe [8]. Das Laminierverfahren stellt hierbei das gebräuchlichste Verfahren dar. Dabei wird auf eine eingeölte Schalung oder einen zu verstärkenden Altbetonuntergrund eine dünne Schicht des Feinbetons aufgetragen. Der Beton kann händisch mittels einer Glättkelle oder durch maschinelles Aufsprühen eingebracht werden. In die frische Betonschicht wird anschließend die erste Textillage eingearbeitet. Dieser Vorgang kann so oft wiederholt werden, bis die erforderliche Lagenanzahl erreicht ist. Eine dünne äußere Betonschicht schließt die Arbeiten ab [5]. Abbildung 4 zeigt exemplarisch die Herstellung einer Textilbetonplatte mit zwei textilen Bewehrungslagen.

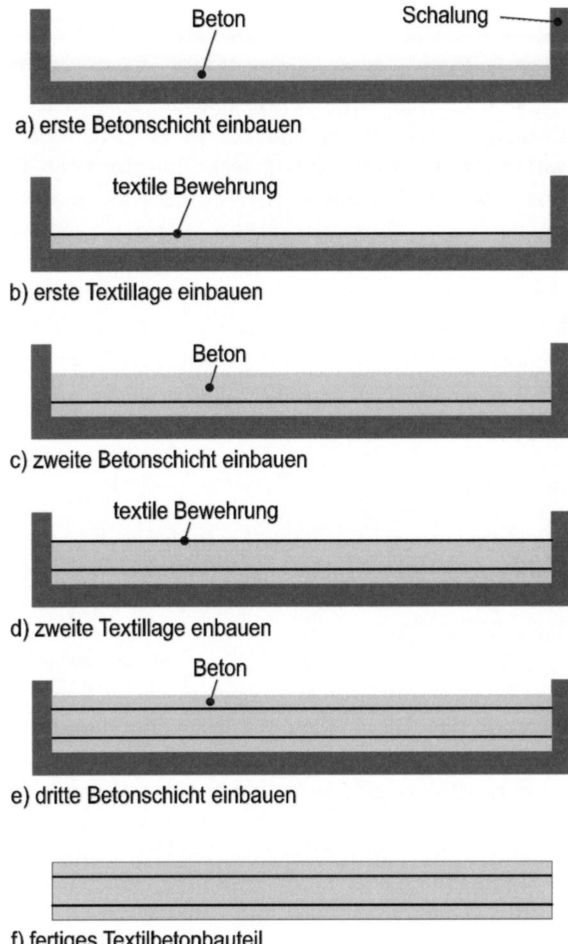

Abb. 4: Herstellung einer Textilbetonplatte im bisher üblichen Laminierverfahren

Eine weitere Methode der Textilbetonherstellung stellt das Gießverfahren dar. Hier wird analog zum Stahlbetonbau eine fließfähige Betonmatrix in eine vorgefertigte Schalung mit bereits fixierter textiler Bewehrung eingefüllt und ggf. verdichtet. Mit dem Gießverfahren können auch vertikale Schalungen befüllt werden, so dass Textilbetonplatten mit hochwertigen Sichtbetonoberflächen entstehen. Der Verarbeitungsprozess wird durch den Gebrauch eines neuartigen Abstandhaltersytems für textile Bewehrung maßgeblich vereinfacht, [9, 10]. Abbildung 5 zeigt die Herstellung einer solchen Platte.

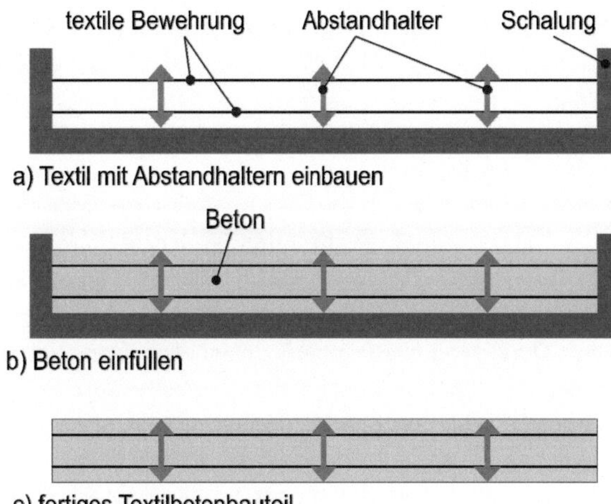

Abb. 5: Herstellung einer Textilbetonplatte mit neuartigen Abstandhaltern im Gießverfahren

3 Tragverhalten

3.1 Allgemeines

Textil- und Stahlbeton zeigen ein prinzipiell ähnliches Tragverhalten. In beiden Fällen ist der Beton für die Aufnahme der Druckkräfte und die gerichtete Bewehrung für die Aufnahme der Zugkräfte verantwortlich. Hinsichtlich der Geometrie- und Materialkennwerte sowie der Festigkeits- und Verbundeigenschaften existieren jedoch teilweise erhebliche Unterschiede zwischen beiden Bewehrungssystemen.

So liegen übliche Bewehrungsdurchmesser im Stahlbetonbau zwischen 6 und 32 mm. Die Bewehrungsstäbe besitzen homogene Materialeigenschaften und gerippte Verbundoberflächen zum Beton. Stahlbetonbauteile sind so konstruiert, dass der um den Stahl liegende Beton die Bewehrung vor allem vor Korrosion schützt. Es ergeben sich Betondeckungen von mindestens 2 cm, üblicherweise aber bis zu 6 cm. Demgegenüber weisen textile Bewehrungen deutlich kleinere Garndurchmesser von ca. 1 bis 3 mm auf. Die Bewehrungstextilien besitzen zudem in Folge des Aufbaus aus mehreren zehntausend Einzelfilamenten eine heterogene Struktur. Auch die wirkenden Verbundmechanismen unterscheiden sich deutlich. In Folge der Korrosionsunanfälligkeit der Bewehrungsmaterialien werden jedoch zur Übertragung der wirkenden Verbundkräfte lediglich Betondeckungen von ca. 3 mm erforderlich [2, 5]. Die erreichbaren Textilzugfestigkeiten liegen mit ca. 3.000 N/mm^2 bis zu 500 % über dem Niveau üblicher Betonstahlbewehrungen. Dies ermöglicht die Herstellung hochtragfähiger und dennoch extrem leichter und dünner Textilbetonbauteile und Verstärkungsschichten.

3.2 Konsequenzen für die Anwendung

Textilbeton in seiner bisherigen Form wird den Stahlbeton nicht verdrängen können, sondern vielmehr ergänzen.

So sind beispielsweise durch die alternative Bewehrung einer Stahlbetondeckenplatte im Innenbereich mit Textilbeton nur minimale Verringerungen der Bauteilhöhe von wenigen Zentimetern zu erwarten. Zudem werden hier im Regelfall Verformungs- und Durchbiegungskriterien (Nachweis der Biegeschlankheit) bemessungsrelevant, welche durch eine Erhöhung der nutzbaren Bewehrungszugfestigkeit nicht beeinflusst werden können. Daher ist bei solchen Betonkonstruktionen der Stahlbeton weiterhin erste Wahl [2].

Demgegenüber können die Vorteile von Textilbeton bei Bauteilen, bei denen der Hauptteil des Betons zum Korrosionsschutz der Stahlbewehrung eingebaut wurde, oder ein Großteil der Stahlbewehrung ausschließlich zur Rissbreitenbegrenzung dient, deutlich besser ausgenutzt werden.

Beispielhaft seien an erster Stelle Fassadenplatten erwähnt. Die maßgebenden Bemessungslasten werden hier durch den Lastfall Wind bestimmt. Großformatige Fassadenplatten aus Stahlbeton besitzen in der Regel eine beidseitige Betondeckung von mindestens 3 cm, sodass eine Bauteildicke von mehr als 8 cm schnell erreicht wird. Da Textilbeton mit einer sehr viel geringeren Betondeckung von 2 bis 3 mm auskommt, kann die Gesamtdicke textilbewehrter Fassadenplatten bei gleicher Größe auf ca. 1,0 bis 3 cm reduziert werden. Neben den erreichten deutlichen Materialeinsparungen sind Textilbetonfassadenplatten durch ihr niedrigeres Gewicht leichter zu montieren. Zudem kann die Unterkonstruktion für geringere Lasten ausgelegt werden [7].

Ein weiteres Hauptanwendungsgebiet von Textilbeton ist die Verstärkung und Instandsetzung von Beton- und Stahlbetonkonstruktionen. Mit Hilfe der hochtragfähigen, korrosionsbeständigen und sehr dünnen Textilbetonverstärkungsschichten kann eine hohe Traglaststeigerung erreicht werden. In Folge der geringen Schichtdicken von lediglich 8 bis 15 mm wird hierbei das Eigengewicht der Konstruktion nur unwesentlich erhöht. Demgegenüber sind bei betonstahlbewehrten Spritzbetonverstärkungen Höhen der Verstärkungsschicht von mehr als 60 bis 80 mm erforderlich. Die hieraus resultierenden Eigenlasten führen zu teilweise großen Zusatzbeanspruchungen der zu verstärkenden Konstruktion sowie der lastabtragenden Bauteile.

Im Vergleich zu geklebten Lamellenbewehrungen aus CFK und Stahl bietet die Instandsetzung von Betonkonstruktionen mit Textilbeton zudem den Vorteil der Materialverträglichkeit. So kann die neu aufgebrachte Textilbetonschicht den bestehenden Beton realkalisieren. Außerdem werden durch die textilbetontypische feine Rissverteilung die Dauerhaftigkeit, Dichtigkeit und das Erscheinungsbild des Betonbauwerkes verbessert. Durch die nahezu beliebige Anpassungsfähigkeit an vorhandene Geometrien ist Textilbeton problemlos zur Verstärkung gekrümmter Oberflächen einsetzbar [5].

Das 2014 neu gestartete Forschungsprojekt C^3 (Carbon Concrete Composite) hat nun zum Ziel, die Gebiete, in denen Textilbeton zurzeit noch nicht wirtschaftlich einsetzbar ist, weiter zu erforschen. Im Gegensatz zu Textilbeton sollen als Bewehrungsmaterialien nicht mehr ausschließlich offene Gitterstrukturen, sondern auch Carbonstäbe eingesetzt werden. Durch den angestrebten breiten Einsatz von Carbonbewehrungen im Bauwesen können neben der Gewährleistung einer längeren Nutzungsdauer der Carbonbetonbauwerke deutliche Ressourceneinsparungen erreicht werden.

4 Bemessung

Im Rahmen der bisherigen Textilbetonforschung wurde eine Vielzahl von Bemessungsmodellen für unterschiedliche Lastbeanspruchungen entwickelt, u. a. [11, 12, 13, 14].

Die Basis dieser Berechnungsverfahren stellt die Zugfestigkeit der textilen Bewehrung im Verbundbaustoff dar. Diese kann mit Hilfe von einaxialen Textilbetonzugversuchen oder direkt anhand des Garnwerkstoffes [15] bestimmt werden. Neben der nutzbaren Festigkeit der Textilbetonschicht ist jedoch für eine sichere Anwendung von Textilbeton zugleich eine funktionierende Kraftübertragung zwischen der textilen Bewehrung und der Betonmatrix sicherzustellen.

Zur einfachen Ermittlung der maßgebenden Festigkeits- und Verbundkennwerte haben sich gewisse „Standardversuche" herauskristallisiert.

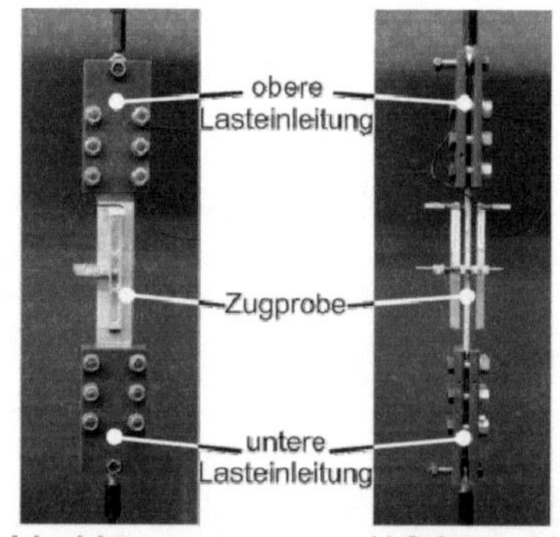

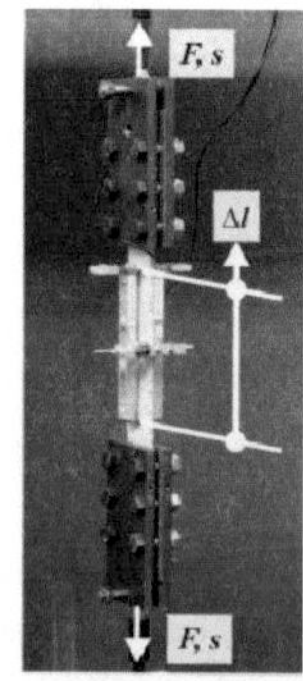

a) Ansicht von vorn b) Seitenansicht c) Messgrößen

Abb. 6: Versuchsaufbau von Dehnköperversuchen, entnommen aus [16]

So kann die Zugfestigkeit der Textilbetonschicht anhand von einaxialen Zugversuchen, sogenannten Dehnkörperversuchen, bestimmt werden. Ein exemplarischer Versuchsaufbau ist in Abbildung 6 gezeigt.

Die einaxialen Zugversuche geben Aufschluss über das Zugtragverhalten. Anhand der Versuchsergebnisse kann die Dehnung des Verbundbaustoffes sowie die zugehörige auf den Garnquerschnitt bezogene Bruchspannung berechnet werden. Ein kennzeichnender Verlauf der Spannungs-Dehnungs-Beziehung von Textilbeton unter Zugbelastung ist in Abbildung 7 zu sehen. Hinsichtlich einer detaillierten Beschreibung des Versuchsaufbaus, der Versuchsdurchführung und Auswertung wird auf [16] verwiesen

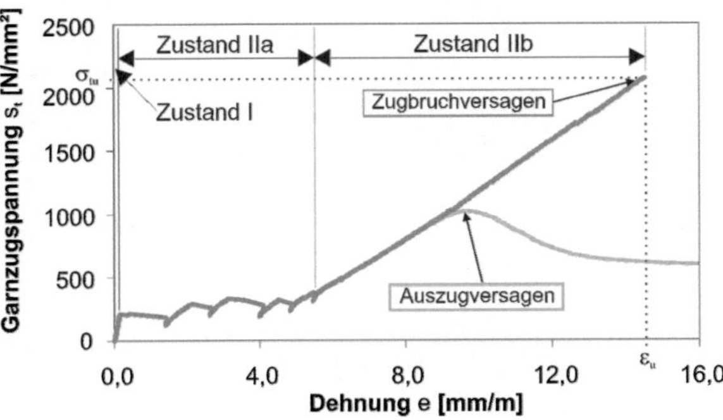

Abb. 7: kennzeichnender Verlauf der Spannungs-Dehnungsbeziehung von Textilbeton unter Zugbelastung entnommen aus [16]

Als Standardversuch zur Untersuchung der Verbundkraftübertragung zwischen textiler Bewehrung und Betonmatrix wird der in Abbildung 8 gezeigte Textilbetonauszugversuch verwendet.

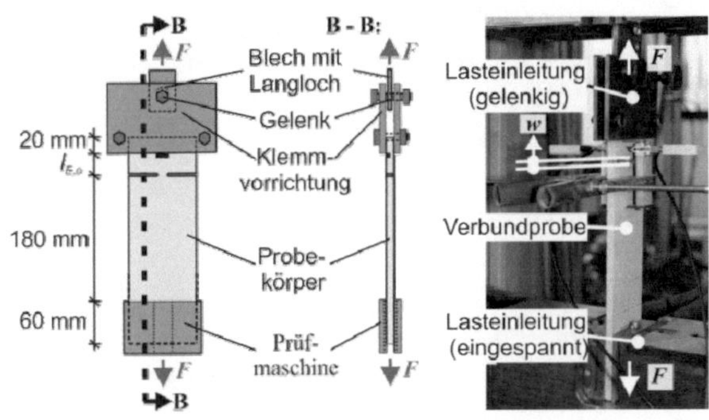

Abb. 8: Versuchsaufbau des Textilauszugsversuches entnommen aus [16]

Aufbauend auf den Ergebnissen des Textilbetonauszugversuchs, kann die Verbundspannungs-Schlupf-Beziehung (VSB) des Textilbetons ermittelt werden. Eine erweiterte Erläuterung des Versuchs sowie des Berechnungsverfahrenes zur Ermittlung der VSB ist in [16] gezeigt. Anhand der so bestimmten Verbundkennwerte ist es anschließend möglich, erforderliche Endverankerungs- und Übergreifungslängen festzulegen [17].

5 Qualitätssicherung

Damit Textilbeton den hohen Anforderungen gerecht werden kann, müssen sowohl die Materialauswahl als auch die Ausführung entsprechenden Qualitätsanforderungen und Kontrollen unterliegen.

Bei der Auswahl der verwendeten textilen Bewehrungen ist besonders darauf zu achten, dass das Fasermaterial, die Sekundärbeschichtung und die Konfiguration (Öffnungsweite, Garnstreckung etc.) einen Einsatz im alkalischen Milieu des Textilbetons ermöglichen. Der verwendete Beton muss zur Sicherstellung definierter Tragwirkungen (Zug- und Verbundtragverhalten, Rissabstände etc.) festgelegte und auf die spätere Anwendung abgestimmte Steifigkeits- und Festigkeitskriterien erfüllen.

Die Eignung und die Gleichmäßigkeit der Ausgangskomponenten sind durch eine regelmäßige Eigen- und Fremdüberwachung zu überprüfen. Der Umfang der Überwachungsmaßnahmen ist so zu wählen, dass daraus eine verlässliche Aussage über die hergestellte Qualität getroffen werden kann.

Unter der werkseigenen Produktionsüberwachung des Herstellers wird eine kontinuierliche Überwachung verstanden, welche sicherstellt, dass die hergestellten Produkte den geforderten Richtlinien entsprechen. Für die Fremdüberwachung werden zertifizierte Firmen beauftragt. Die Fremdüberwachung muss mindestens zweimal jährlich erfolgen. Die Probenentnahme für diese Prüfungen obliegt anerkannten Überwachungsstellen. Die Überwachungskriterien sind in einem Prüfplan festgeschrieben.

Weiterhin sind vor und während der Ausführung auf der Baustelle Qualitätskontrollen unerlässlich. Diese umfassen nicht nur den Werkstoff Textilbeton, sondern beinhalten auch die Überprüfung der Anwendungsvoraussetzungen. So ist beispielsweise für eine Anwendung von Textilbeton als Verstärkungsschicht neben der Konformität der Einzelkomponenten auch die Tragfähigkeit und Rauigkeit des Betonuntergrundes zu überprüfen. Weiterhin ist der Ausführungs- und Herstellungsprozess zu überwachen. Das ausführende Bauunternehmen stellt die Qualität der Arbeiten durch Schulungen der Mitarbeiter zur Anwendung von Textilbeton und durch Dokumentation der Arbeiten sicher.

6 Ausgeführte Bauprojekte

6.1 Textilbetonbrücke in Albstadt

In Albstadt-Lautlingen wurde im November 2011 eine Fußgängerbrücke aus Textilbeton eingeweiht, siehe Abbildung 9.

Der Neubau war notwendig geworden, weil die bereits bestehende Brücke baufällig war. Die aus 6 Feldern bestehende Textilbetonbrücke hat eine Länge von insgesamt 97 m.

Abb. 9: Textilbetonbrücke in Albstadt-Lautlingen, aus [18]

Der Überbau, welcher auf gespreizten Stahlrohrstützen aufgelagert ist, besteht aus einem 7 stegigen Plattenbalken. In jedem Steg befinden sich 4 Spannglieder in Hüllrohren, welche die Brücke vorspannen. Aufgrund der geringen Betondeckung von 1,5 cm beträgt die Breite eines Steges nur 12 cm. Dadurch besitzt die Brücke ein sehr filigranes Erscheinungsbild und erscheint in der Kombination mit verwendeten hochwertigen Materialien sehr edel. Durch die dünne Ausbildung der Bauteile konnten Einsparungen bei Montage und Transport sowie bei der Dimensionierung der Stützen und der Fundamente erfolgen. Die im Rahmen der Planungen durchgeführte Schwingungsanalyse zeigte gute Ergebnisse, welche durch eine Messung am Bauwerk nach dessen Errichtung bestätigt werden konnten. Da Bauwerke aus dem Werkstoff Textilbeton nicht allgemein bauaufsichtlich zugelassen sind, wurde eine Zulassung im Einzelfall (ZiE) beantragt und bewilligt. Bei den dafür nötigen experimentellen Nachweisen stellten sich große Tragreserven heraus [19].

6.2 Verstärkung eines Zuckersilos in Uelzen

Ein in den 1960er Jahren erbauter Doppelkammersilo der Nordzucker AG wurde im Jahr 2012 mit einer Textilbetonschicht saniert. Die Sanierung war notwendig geworden, nachdem bei einer Besichtigung der Innenfläche großflächige Risse festgestellt worden waren. Damit eine weitere hochreine Lagerung von Zucker gewährleistet werden konnte, musste das Silo instand gesetzt werden. Hier bot sich Textilbeton an. Bevor die Instandsetzung mit Textilbeton beginnen konnte, wurden die vorhandenen Risse verpresst sowie der Untergrund aufgeraut und vorgenässt. Daran anschließend konnte die Verstärkungsschicht aufgebracht werden. Die zu verstärkende Oberfläche betrug 3.100 m². Im Rahmen der 4 lagigen Textilbetonverstärkung wurden 14.000 m² Carbontextil und 150 t Feinbeton verbaut. Da die Gesamtdicke des Textilbetons lediglich 20 mm beträgt, wird das Volumen des 33 m hohen Zuckersilos durch die Verstärkung nur unwesentlich verringert. Neben der Verbesserung der Rissverteilung und der Verringerung der Rissweiten wurde die Biegefestigkeit der Konstruktion deutlich erhöht. Nach dem Abschluss der Verstärkungsmaßnahme erfolgte der Auftrag einer lebensmittelechten Endbeschichtung.

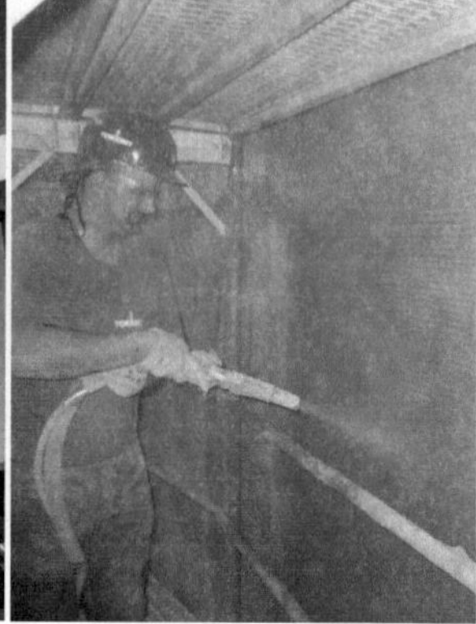

Abb. 10: Verstärkung eines Zuckersilos in Uelzen aus [20]

Im Rahmen der Baumaßnahme konnte erstmalig ein Textil mit einer Breite von 2,5 m verarbeitet werden. Dies hat die Arbeiten wesentlich vereinfacht und beschleunigt. Abbildung 10 zeigt exemplarisch die Verstärkungsarbeiten. Die gesamte Verstärkungsmaßnahme erfolgte innerhalb eines Monats [20, 21].

6.3 Textilbetonfassaden

Wie bereits im Abschnitt 3.3 erwähnt, eignet sich Textilbeton hervorragend zur Herstellung qualitativ hochwertiger und dennoch sehr leichter Fassadenplatten.

Ein bekanntes Anwendungsbeispiel stellt in diesem Zusammenhang die Fassadengestaltung des Soccer City Stadions in Johannesburg (Südafrika) dar. Bei diesem Projekt wurden farblich unterschiedlich gestaltete, 13 mm dicke Textilbetonplatten der Größe 1,2 x 1,8 m als Fassadenelemente eingesetzt. Die von der Firma Rieder Smart Elements hergestellten ca. 34.000 Textilbetonplatten verkleiden eindrucksvoll eine Fläche von ca. 30.000 m² [22].

Abb. 11: Fassade des Soccer City Stadions, aus [22]

Auch für die Fassadenneugestaltung einer Versuchshalle der RWTH Aachen wurde Textilbeton verwendet. Die großformatigen Fassadenplatten der Größe von ca. 2,4 m x 4,88 m besitzen auch hier eine Bauteildicke von lediglich 30 mm [23].

Ein weiteres neuartiges Textilbetonfassadensystem wird aktuell an der HTWK Leipzig entwickelt. Vakutex - Vakuumgedämmte Fassadenelemente aus Textilbeton sollen den sehr tragfähigen Textilbeton und effizient dämmende Vakuumpanelen miteinander verbinden. In ersten Versuchen im Maßstab 1:1 konnten Wärmedurchgangskoeffizienten von weniger als 0,15 W/m²K ermittelt werden. Die gedämmten Fassadenelemente besitzen dabei eine Dicke von lediglich 110 mm [24].

6.4 Möbel und Kunst aus Textilbeton

Der neuartige Werkstoff Textilbeton fasziniert nicht nur Bauingenieure, sondern auch Künstler und Designer. So hat sich Textilbeton auch als Konstruktionswerkstoff zur Herstellung unterschiedlichster Möbel und Kunstgegenstände etabliert.

Angefangen von Stühlen, über Bänke bis hin zu beliebig geformten Tischen sind den Designideen nahezu keine Grenzen gesetzt. Besonders hervorgetan hat sich in diesem Zusammenhang das 2011 gegründete Designstudio PAULSBERG. Die hier entworfenen ästhetisch ansprechenden Möbelstücke zeigen eindrucksvoll die vielfältigen Gestaltungs- und Entwurfsmöglichkeiten. Gelungene Beispiele von Textilbetonmöbeln stellen die auf dem Außengelände der Sächsischen Staats- und Universitätsbibliothek (SLUB) aufgestellten Relaxsessel - sogenannte SLUB-Lounger - dar [25, 26], siehe Abbildung 12.

Abb. 12: Relaxsessel - SLUB-Lounger aus Textilbeton [26]

Ein Beispiel für die Anwendung von Textilbeton zur Modellierung unterschiedlich geformter Skulpturen zeigt Abbildung 13.

Abb. 13: Windspiel aus Textilbeton (Fotomontage), aus [27]

Auffällig ist auch hier die Leichtigkeit und Eleganz, welche bisher nicht mit dem Massenbaustoff Beton verbunden wurde.

7 Literatur

[1] Ehlig, D., Schladitz, F., Frenzel, M., Curbach, M. (2012) Textilbeton - ausgeführte Projekte im Überblick, Vol. 107, pp. 777-785

[2] Hegger, J.; Will, N.; Curbach, M., Jesse, F. (2004) Tragverhalten von textilbewehrtem Beton. Beton- und Stahlbetonbau, Vol. 99, pp. 452-455

[3] Curbach, M.; Graf, W.; Jesse, D.; Sickert, J-U; Weiland, S. (2007) Segmentbrücke aus textilbewehrtem Beton: Konstruktion, Fertigung, numerische Berechnung. Beton- und Stahlbetonbau, Vol. 102, pp. 342-352

[4] Institut für Massivbau TU Dresden, Jahresbericht 2012

[5] Jesse, F.; Curbach, M. (2009) Verstärken mit Textilbeton. Betonkalender 2010, Ernst & Sohn, Berlin

[6] Weiland, S (2010) Interaktion von Betonstahl und textiler Bewehrung bei der Biegeverstärkung mit textilbewehrten Beton. Dissertation, Dresden: Technische Universität Dresden, Fakultät Bauingenieurwesen, 207 p.

[7] Curbach, M.; Jesse, F. (2009) Eigenschaften und Anwendungen von Textilbeton. Beton- und Stahlbetonbau, Vol. 104, pp. 9-16

[8] Brameshuber, W.; Mott, R.; Hegger, J.; Voss, S.; Gries, T.; Barle, M.; Böhm, S.; Hartung, I. (2008) Serielle Stückfertigung von Bauteilen aus textilbewehrten Beton . Beton- und Stahlbetonbau, Vol. 103, pp. 64-72

[9] Walther, T.; Schladitz, F.; Curbach, M. (2014) Textilbetonherstellung im Gießverfahren mit Hilfe des

Abstandhaltersystems DistTEX. Dresdner Transferbrief, Vol. 21, p. 6

[10] Walther, T.; Schladitz, F.; Curbach, M. (2014) Textilbetonherstellung im Gießverfahren mit Hilfe von Abstandhaltern. Beton- und Stahlbetonbau, Vol. 109, pp. n.n.

[11] Brückner, A. (2012) Querkraftverstärkung von Bauteilen mit textilbewehrtem Beton. Dissertation, Dresden: Technische Universität Dresden, Fakultät Bauingenieurwesen, 277 p.

[12] Schladitz, F.; Lorenz, E.; Curbach, M. (2011) Biegetragfähigkeit von textilbetonverstärkten Stahlbetonplatten. Beton- und Stahlbetonbau, Vol. 106, pp. 377-384

[13] Schladitz, F. (2011) Torsionstragverhalten von textilbetonverstärkten Stahlbetonbauteilen. Dissertation, Dresden: Technische Universität Dresden, Fakultät Bauingenieurwesen, 310 p.

[14] Ortlepp, R.; Curbach, M. (2009) Verstärken von stahlbetonstützen mit textilbewehrtem Beton. Beton- und Stahlbetonbau, Vol. 104, pp. 681-689

[15] http://www.textilbeton-aachen.de (07.02.2014)

[16] Lorenz, E.; Schütze, E.; Schladitz, F.; Curbach, M. (2013) Textilbeton - Grundlegende Untersuchungen im Überblick. Beton- und Stahlbetonbau, Vol. 108, pp. 711-722

[17] Lorenz, E.; Ortlepp, R. (2011) Untersuchungen zur Bestimmung der Übergreifungslängen textiler Bewehrungen aus Carbon in Textilbeton (TRC) In: Curbach, M.; Ortlepp, R. (Hrsg.), 6. Kolloquium zu textilbewehrten Tragwerken (CTRS6), Berlin, 19.9.-20.9.2011, pp. 85-102

[18] Lindner, T (2011) Die längste Textilbetonbrücke der Welt. VDMA-Nachrichten, pp. 78-79

[19] Hegger, J.; Goralski, C.; Kulas, C. (2011) Schlanke Fußgängerbrücke aus Textilbeton. Beton- und Stahlbetonbau, Vol. 106, pp. 64-71

[20] Weiland, S.; Schladitz, F.; Schütze, E.; Timmer, R.; Curbach, M. (2013) Rissinstandsetzung einer Zuckersilos. Bautechnik, Vol. 90, pp 498-504

[21] Weiland, S. (2013) Instandsetzung eines Zuckersilos in Uelzen - Perspektiven des Bauherrn, Planers und Bauunternehmers. In: TUDALIT e.V. (Hrsg): Magazin Nr. 9, Dresden, p.12

[22] Rieder, W. (2010) Eine Fassade für das Soccer City Stadion. In: TUDALIT e.V. (Hrsg.): Magazin Nr. 3, Dresden, p. 10

[23] Hegger, J.; Schneider, H. N.; Kulas, C.; Schätzke, C. (2009) Dünnwandige großformatige Fassadenplatte aus Textilbeton. In: Curbach, M. und Jesse, F. (Hrsg.): Textilbeton - Theorie und Praxis. Tagungsband zum 4. Kolloquium zu textilbewehrten Tragwerken (CTRS4) und zur 1. Anwendertagung, Dresden, pp. 541-552

[24] Hülsmeier, F.; Kahnt, A. (2012) Vakuumgedämmte Fassadenelemente aus textilbeton - vakutex. In: TUDALIT e.V. (Hrsg.): Magazin Nr. 7, Dresden, p. 17

[25] Offermann, M. (2012) Textilbeton in Szene gesetzt - Gestaltung als Marketinginstrument. In: TUDALIT e.V. (Hrsg.): Magazin Nr. 7, Dresden, p. 24

[26] http://www.paulsberg.co (07.02.2014)

[27] (2011) Volker Mixsa: Skulpturen aus Beton. In: TUDALIT e.V. (Hrsg.): Magazin Nr. 4, Dresden, p. 15

8 Autoren

Dr.-Ing. Frank Schladitz
M. Sc. Enrico Lorenz
Dipl.-Ing. Tobias Walther
Institut für Massivbau
Technische Universität Dresden
George-Bähr-Straße 1
01069 Dresden

Betonfertigteile – Gestaltung jenseits der Norm

Hubert Bachmann

Zusammenfassung

Der Betonfertigteilbau ist heute immer noch ein Teilgebiet des Massivbaues. Die normative Behandlung der spezifischen Probleme kann nicht umfänglich sein. Schon heute werden viele Projekte mit Betonfertigteilen jenseits der allgemeinen Vorgaben realisiert. Triebfeder dieser Entwicklungen sind neben der sich rasant entwickelnden Betontechnologie auch die Gestaltungs- und Produktionsmöglichkeiten in den stationären Betonwerken. Die Umgebungsbedingungen erlauben hier eine äußerst komplexe Gestaltung und Qualität der Bauteile. Zahlreiche Beispiele ausgeführter Projekte zeugen hiervon. Gestaltung, Betontechnologie und die freie Formgebung des Betons führen zu neuen Bauteilen, Bauweisen und einem Wandel in der Bemessungsphilosophie. Die Tendenz zu äußerst schlanken und komplexen Bauteilen benötigt einen hochleistungsfähigen Beton und neue Ansätze der Zugverstärkung. Stabförmige Bewehrungselemente sind nicht mehr geeignet dem Beton seine Zugtragfähigkeit zu geben. Entweder müssen der Beton selbst oder singulär angeordnete Elemente die Zugbeanspruchungen aufnehmen. Nachteilig wirken sich die begrenzten Abmessungen von Betonfertigteilen aus. Das Zusammenfügen der einzelnen Bauteile zu einem Bauwerk erfordert noch einen enormen künftigen Entwicklungsaufwand.

1 Betonfertigteilbau heute

Der Betonfertigteilbau besitzt heute einen immer noch recht geringen Marktanateil im Vergleich zum Ortbetonbau. Dies ist nicht zuletzt auf das Konstruktionsprinzip des Massivbaues zurückzuführen. Der Betonfertigteilbau unterteilt einen Massivbau, fertigt die Einzelbauteile und fügt diese vor Ort zusammen. Dabei werden die enormen Vorteile des Betonfertigteilbaues nur zu einem kleinen Teil genutzt. Die kurze Montagezeit ist sicher einer dieser Vorteile, ein hoher Wiederholungsgrad steht der individuellen Gestaltung durch den Architekten entgegen. Aus der Denkweise des Massivbaues entstehen nun mit großen Abmessungen, hohen Gewichten und aufwändigen Fügetechniken etliche Nachteile. Nur wenn

- eine hohe Wiederholungsrate,
- eine kurze Bauzeit
- oder spezifische Herstellungs-bedingungen, wie große Schalungshöhen, vorliegen,

wird der Betonfertigteilbau wirtschaftlich interessant. Als Beispiel sei hier das Projekt Taunusturm in Frankfurt genannt, bei dem ca. 2300 Unterzüge und ca. 1200 Stützen mit ähnlichen Abmessungen hergestellt wurden und der Geschosstakt des Hochhauses auf nur 4 Tage reduziert werden konnte [3].

Abb. 1: Betonfertigteilsystem beim Hochhaus Taunusturm in Frankfurt (Bauherr: Tishman Speyer Properties Deutschland, Ausführung: Ed. Züblin AG)

Die normativen Vorgaben zur Dimensionierung der Bauteile wurden dabei ebenso von dem klassischen Massivbau abgeleitet. So finden sich nur spezielle Regularien zum Betonfertigteilbau als Ergänzung zur Massivbaubemessung. Wenige gebräuchliche Detailfestlegungen, wie Konsole, abgesetztes Auflager, Lagerungen oder Stützenstöße, sowie einige grundsätzliche Festlegungen zum Sicherheitsbeiwert oder den Betondeckungen, sind in den Normen [1] enthalten.

Betrachtet man den Betonfertigteilbau etwas genauer, so stellt man fest, dass sich einige spezifische Anwendungen weiterentwickelt haben. Diese Anwendungen bewegen sich an der Grenze der normativen Vorgaben. Dabei werden neuere Baustoffeigenschaften beim Betonstahl und Beton eingesetzt, neue Konstruktionsprinzipien und auch neue Gestaltungsmöglichkeiten angewendet. Im weiteren sollen einige dieser Anwendungen dargestellt werden.

Einen hochfesten Betonstahl zur Steigerung der Tragfähigkeit wurde bei den Stützen des Hochhauses Tanzende Türme in Hamburg eingesetzt.

Abb. 2: Hochhaus Tanzende Türme in Hamburg (Bauherr: Strabag Real Estate, Ausführung: Ed. Züblin AG)

Die Rundstützen mit einem Bewehrungsgrad von ca. 12% wurden mit einem Stumpfstoß ausgebildet. Ein Fugenverguss von 5mm +/- 2mm stellte eine Herausforderung dar. Für diese Anwendung war eine Zustimmung im Einzelfall erforderlich.

Insbesondere im Fassadenbau finden sich vermehrt spezifische Anwendungen. Dabei muss zwischen tragenden sowie vorgehängten Fassaden unterschieden werden. Ein sehr gelungenes Beispiel einer tragenden Fassade wurde beim Bauvorhaben Ohligsmühle in Wuppertal [4] realisiert. Dabei wurden die massiven Fassadenelemente als tragende Struktur verwendet, in dem alle horizontalen Tragglieder über wärmedämmende Anschlusselemente auf den Fassadenstützen lagern. Besteht eine horizontale Verformungsmöglichkeit, sind die auftretenden Temperaturverformungen unschädlich. Für alle Bauteile dieses Beispiels gibt es normative Regellungen bzw. Zulassungen.

Abb. 3: Tragende Fassadenelemente beim Bauvorhaben Ohligsmühle in Wuppertal (Ausführung: Ed. Züblin AG)

Abb. 4: Stützenstoß und Deckenanschlusselemente beim Bauvorhaben Ohligsmühle in Wuppertal (Ausführung: Ed. Züblin AG)

Vorgehängte Fassadenplatten bieten weitaus größere Gestaltungsmöglichkeiten im Sichtbeton. Ziel dabei ist immer eine möglichst dünne Platte herzustellen, um neben dem Gewicht auch Material einzusparen. Denn diese Elemente werden aus besonderem Beton hergestellt. Hier sind neben der farblichen Gestaltung und der Oberflächen-beschaffenheit, spezielle „Bewehrungen" zu nennen. Entweder können auftretende Zugbeanspruchungen durch eine Faserzugabe oder eine Textilbewehrung aufgenommen werden. Zielstellung ist immer eine hohe Dauerhaftigkeit der Fassadenelemente.

Die Fa. Hering Bau GmbH besitzt inzwischen eine Allgemeine bauaufsichtliche Zulassung für die Herstellung eines textilbewehrten Betons für Fassadenbauteile, dem so genannten „betoshell". Die kleinformatigen Teile (ca. 120x60cm) sind dabei nur ca. 2cm dick.

Abb. 5: Beispiel von Fassadenelementen aus textilbewehrtem Beton System „betoshell" (Fa. Hering Bau GmbH, Burbach)

Vorgehängte Fassaden in Deutschland werden heute in der Regel zu der Fassadentechnik gezählt und benötigen für die Verankerung am Bauwerk meist eine Zustimmung im Einzelfall. Einzelne Zulassungen umgehen diesen Genehmigungs-prozess, jedoch steht die Wirtschaftlichkeit bei nur geringen Einsätzen des Systems immer in Frage. Die Entwicklung neuer Betone und Bewehrungen bieten jedoch weitreichende gestalterische Möglichkeiten.

Die oben genannten Beispiele sollen die Praxis in Deutschland repräsentieren. Wagt man einen Blick über die Grenzen, z.B. nach Frankreich, so gibt es dort bereits ein Produkt aus einem „Ultra High Performance Concrete" auf dem Markt. Die Fa. Lafarge Baustoffe bietet dabei das Produkt unter dem Namen „Ductal" an. Weithin bekannt ist eines der ersten Bauwerke aus diesem Beton, die Fußgängerbrücke Seonyu in Seoul, Sückorea. Wurde diese noch weitgehend in Ortbeton erstellt, so zeigen die Entwicklungen auch in Frankreich deutlich hin zur Vorfertigung der Teile. Ein weiteres Beispiel soll ein Vordach in der Universität Paris sein, welches neben der gestalterischen Möglichkeit auch die Tragfähigkeit des faserbewehrten Materials verdeutlicht. Selbstverständlich gibt es auch in Frankreich keine normativen Regeln für diese Bauteile.

Abb. 6: Fußgängerbrücke in Seoul, Südkorea (Copyright: Lafarge photo library, Photograph: Philippe Ruault, Architect : Rudy Ricciotti)

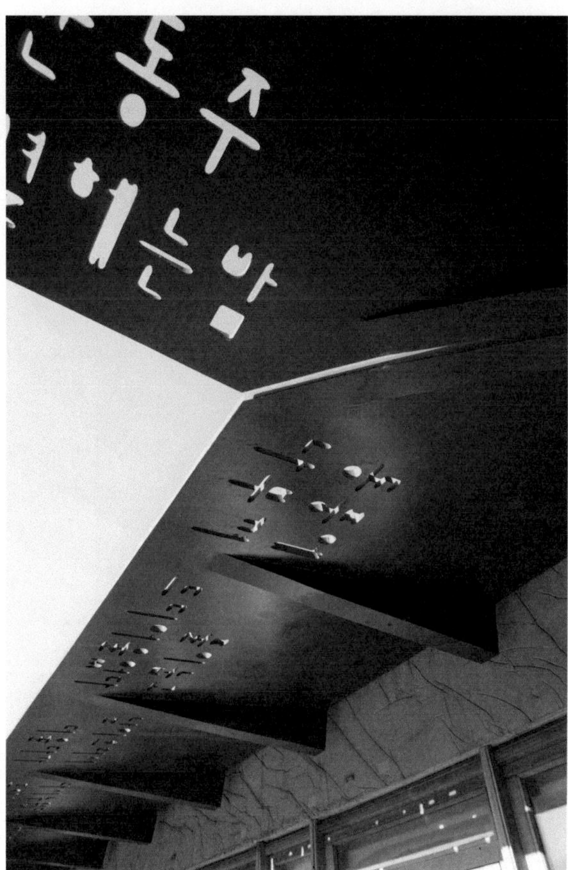

Abb. 7: Vordach in der Universität Paris (Copyright: Lafarge photo library, Photograph: Emmanuel Gabily)

Eine Übersicht des heutigen Betonfertigteilbaues findet sich in [2].

2 Betontechnologie und Gestaltung

Die in dem Titel genannten beiden Begriffe geben die Zukunftsaussichten des Betonfertigteilbaues wieder. Die Betontechnologie insbesondere mit der

Anwendung neuer Betone und Bewehrungen sowie die Möglichkeit einer nahezu unbegrenzten Gestaltungsmöglichkeit resp. Formgebung durch das Gießen des Werkstoffes ermöglichen dem Betonfertigteilbau vielschichtige Anwendungs-möglichkeiten.

Eigentlich müsste man nicht den Begriff Betontechnologie verwenden, sondern die Werkstoffentwicklung insgesamt nennen. Denn neben der bekannten Entwicklung von neuen Betonen, seien dies selbstverdichtende oder hochfeste Betone, spielen zunehmend die Eigenschaften des Werkstoffes eine Rolle. Hier sollen stellvertretend die Farbgebung oder die Oberflächeneigenschaften genannt werden. Seien dies besonders säure-beständige Betone, besonders glatte Oberflächen mit geringsten Toleranzen oder bildhafte Motive durch unterschiedliche Strukturtiefen, sie alle können derzeit nur in Betonfertigteilen angewendet werden.

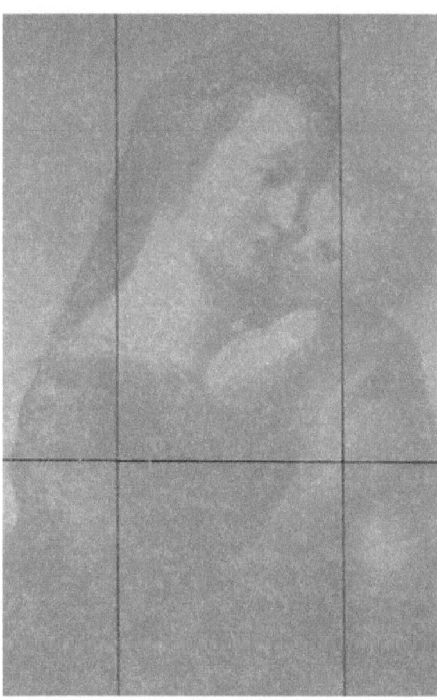

Abb. 8: Bildhafte Motive in Betonfassadenelementen (Copyright: Hering Bau GmbH, Burbach)

Die Werksfertigung bietet hierfür ideale Voraussetzungen. Um derart herstellungs-empfindliche Werkstoffe einzusetzen, benötigt man gute und vor allem stabile Umgebungsbedingungen, möglichst reproduzierbare Herstellungsabläufe, wie kurze Transportwege und Erhärtungsbedingungen, und qualifiziertes und spezialisiertes Personal.

Abb. 9: Guss eines ultra-hochfesten Betons für die Gärtnerplatzbrücke in Kassel (Copyright: Fa. ELO Elementwerke Osthessen, Entwicklung: Universität Kassel)

Das Gießen in beliebige Formen erfordert neue Bewehrungstechniken. Stabförmige Bewehrungen sind vielmals nicht praktikabel, flächige Bewehrungen nicht formbar und korrosions-empfindliche Bewehrungen oftmals nicht zielsicher einbaubar.

Für „nicht-tragende" Bauteile, wie Fassadenplatten oder Verkleidungen, können dabei volumenförmig verteilte „Bewehrungselemente" verwendet werden. Im Wesentlichen sind dies Faserbewehrungen, wobei diese sowohl aus Stahl als auch aus Textilien oder Kunststoff bestehen können.

Abb. 10: Glasfasern als „Bewehrung" für einen ultrahochfesten Beton eines Fassadenelementes (Copyright: Fa. Lafarge, Foto: Bachmann, Ed. Züblin AG)

Für dünne schalenartige Fassadenelemente werden bereits Textilbewehrungen in Form von Matten eingesetzt. Das nachfolgende Bild zeigt die „dünne" Vorsatzschale eines Sandwich-Elementes mit einer Textilbewehrung, entwickelt an der Universität Aachen. Gerade infolge der zunehmenden Anforderungen an die Wärmedämmung in den Fassaden müssen die Vorsatzschalen dünn hergestellt werden. Zur Vermeidung der Bewehrungskorrosion eigen sich die Textilbewehrungen exzellent.

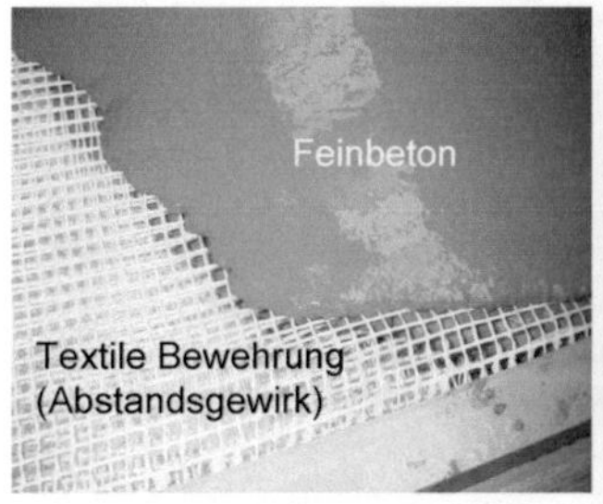

Abb. 11: Vorsatzschale aus Feinbeton mit Textilbewehrung (Copyright: Universität Aachen)

Aber auch für „tragende" Bauteile gibt es erste Entwicklungen für Elemente ohne Betonstahlbewehrung. So existieren derzeit bereits allgemeine bauaufsichtliche Zulassungen für Stahlfaserbetone mit Vorspannung jedoch ohne Betonstahlbewehrungen (z.B. Fa. Max Bögl GmbH, Neumarkt). Noch in der wissenschaftlichen Entwicklungsphase befinden sich tragende Elemente mit Textilbewehrungen. So wurden bereits einige Fußgängerbrücken aus Betonfertigteil-elementen hergestellt. Der hochfeste Beton und die Textilbewehrung ermöglichen äußerst schlanke und leichte Bauteile. Die randverstärkten Fertigteil-elemente besitzen eine Wanddicke von nur 3cm.

Abb. 12: Fußgängerbrücke aus Feinbeton mit Textilbewehrung und Vorspannung (Copyright: Betonwerk Oschatz, Entwicklung: Technische Universität Dresden)

Die vorstehend genannten Werkstoffentwicklungen ermöglichen nun in Verbindung mit der Gießtechnik nahezu unbegrenzte Möglichkeiten der Gestaltung von Bauteilen und Bauwerken. Entscheidend für diese Entwicklung sind die Bereitstellung von hochleistungsfähigen Betonen und die Vermeidung von Bewehrungen oder Verwendung von korrosionsunempfindlichen Bewehrungselementen.

Ein sicher außergewöhnliches Beispiel der Gestaltung sind die im nachfolgenden Bild dargestellten Skulpturen aus einem Hochleistungsbeton mit Faserbewehrung.

Abb. 13: Skulpturen in Hagen (Copyright: Fa. Benno Drössler GmbH, Siegen, Foto: Michaele Biscoping)

Idealerweise sollten auch komplexe Formen mit einem Wiederholungsfaktor versehen sein, damit sich eine wirtschaftliche Bauweise ergibt. In nachfolgendem Beispiel wurde eine geometrisch aufwendige Schalung hergestellt und durch Verdrehen der Bauteile eine differente Ansicht gestaltet. Die in weißem Beton hergestellten Fassadenelemente stellen gleichzeitig die tragenden Stützen des Gebäudes dar.

Abb. 14: Fertigteilelement für das Bauvorhaben Gemeindezentrum Mannheim - Neuhermsheim (Architekten: netzwerkarchitekten, Fertigteile: Fa. Hering Bau GmbH, Burbach)

Der Wunsch der Architektur nach gestalterischen Möglichkeiten mit dem Werkstoff Beton mündet sehr oft in der Forderung nach filigranen, dünnen und leichten Bauteilen. Gerade diese Anforderungen können durch den Betonfertigteilbau in ausgezeichneter Weise erfüllt werden. Die hochleistungsfähigen Betone mit den korrosionsunempfindlichen „Bewehrungen" ermöglichen Bauteile und Bauteilabmessungen, die bisher nur von anderen Werkstoffen, wie Stahl und Kunststoff, bekannt waren. Das nachfolgende Beispiel zeigt eine Treppe aus ultra-hochfestem Beton in einer Dicke von nur 29mm. Als „Bewehrung" dient eine hochfeste Mikrostahlfaser, die Stabilisierung erfolgt mithilfe der aufgeklebten Glasbrüstungen [5]. Belastungstests haben eine außergewöhnlich hohe Tragfähigkeit gezeigt. Das Objekt ist derzeit ein Ausstellungsstück der Fa. Dyckerhoff AG.

Abb. 15: Ultra-dünne Betonfertigteiltreppe aus Hochleistungsbeton mit Mikrostahlfasern (Copyright: Fa. Dyckerhoff AG, Architekt: Ourstudio, Dortmund Fertigteil: Fa. Benno Drössler GmbH, Siegen)

Ebensolch extrem geringe Bauteilabmessungen wurden realisiert bei dem Prototyp-Projekt „Liquid Wall", einer Vorhangfassade als Musterobjekt im New Yorker „Center of Architecture's Exhibition". Der Ultrahochleistungsbeton mit einer Faserbewehrung wurde dabei extrem schlank in einer Matrizenschalung hergestellt. Er dient dabei als tragender Rahmen der Fensterflächen.

Abb. 16: Betonelemente als Fensterrahmen als Prototyp „Liquid Wall" (Copyright: Fa. Lafarge)

Abb. 17: Betonelemente als Fensterrahmen als Prototyp „Liquid Wall" (Copyright: Fa. Lafarge)

Jüngstes Beispiel für den erfolgreichen Einsatz von Hochleistungsbeton in Betonfertigteilen ist der Neubau des Museums der Zivilisationen Europas und des Mittelmeeres in Marseille, Frankreich. Dort wurden waben-ähnliche vorgesetzte Fassaden-elemente aus Hochleistungsbeton eingebaut. Die Elemente in Abmessungen von ca. 3 x 5 m besitzen eine Dicke von nur 6cm und sind natürlich selbsttragend.

Abb.18. Fassadenelemente aus Hochleistungsbeton beim „Mucem" in Marseille (Copyright: Fa. Lafarge, Architekt: Rudy Ricciotti, Foto: Bachmann, Ed. Züblin AG)

Abb. 19: „Mucem" in Marseille -Innenansicht (Copyright: Fa. Lafarge, Architekt: Rudy Ricciotti, Foto: Bachmann, Ed. Züblin AG)

Neben den Fassadenelementen, natürlich ein geeignetes Gestaltungselement für das Gebäude, werden auch konstruktive Bauteile in immer schlankeren Dimensionen hergestellt. Dabei steht weniger die Materialersparnis, als vielmehr die Gestaltung im Vordergrund. Die unten dargestellte Fußgängerbrücke führt von dem historischen Hafeneinfahrtsgebäude zum neuen Museum „Mucem" in Marseille und besteht ebenfalls aus Hochleistungsbeton in Betonfertigteilen. Letztere wurden mittels Spannkabeln zum Brückenbauwerk komplettiert. Der Beton besitzt keine Betonstahlbewehrung sondern hochfeste Mikrostahlfasern. Mit einer Spannweite von 115m und einer Querschnittshöhe von nur 1,80m wirkt die Brücke extrem elegant.

Abb. 20: Fußgängerbrücke zum „Mucem" in Marseille (Copyright: Fa. Lafarge, Architekt: Rudy Ricciotti, Foto: Bachmann, Ed. Züblin AG)

Abb. 21: Fußgängerbrücke zum „Mucem" in Marseille- Querschnitt (Copyright: Fa. Lafarge, Architekt: Rudy Ricciotti, Foto: Bachmann, Ed. Züblin AG)

3 Entwicklung und Ausblick

Der Betonfertigteilbau heute ist geprägt durch die konventionellen konstruktiven Betonfertigteile und eine zunehmende Entwicklung neuer Anwendungsgebiete resp. der Anwendung neuer Werkstoffe oder Werkstoffeigenschaften. Nirgendwo sonst im Bauwesen gibt es eine rasantere Anwendung der Werkstoffentwicklungen.

Der konventionelle Betonfertigteilbau, wie er auch in der Norm verankert ist, lotet immer weiter die Grenzen des Machbaren aus, seine dies noch größere Spannweiten oder höhere Tragfähigkeiten bei geringeren Abmessungen. Die Anwendungsgrenze der Betonfestigkeiten entwickelt sich hin zu einem C80/95, der selbstverdichtende Beton wird immer mehr zum Standard und der Einsatz von höherfestem Betonstahl ist bereits durch allgemeine bauaufsichtliche Zulassungen möglich.

Daneben entwickelte sich geradezu ein Wettbewerb der Firmen in der Anwendung neuer Werkstoffe, vornehmlich in einzelnen Anwendungsnischen. Die vorstehenden Ausführungen zeigen einige Beispiele dieser Entwicklung. Ob dies Ultrahochleistungs-betone, Faserbetone, Textilbewehrungen oder Glasfaser- und Kohlefaserbewehrungen sind, ob dies Fassadenelemente oder Lärmschutzwände in allen Facetten sind oder ob dies Einzelprodukte wie Drucklager aus UHPC und Möbel sind, hinter all dem steht eine äußerst innovative Betonfertigteilindustrie mit Spezialisten in der Anwendung neuer Material- und Konstruktionsentwicklungen.

Gerade diese Entwicklungen im Betonfertigteilbau geben den Entwerfenden am Bau umfangreiche Möglichkeiten der Gestaltung von Einzelelementen oder Gebäuden. Die Schwierigkeit in der wirtschaftlichen Anwendung dieser Entwicklungen ist das Erreichen der Serienproduktion sowie die Genehmigung von nicht-genormten Werkstoffen oder Produkten daraus. Durch mangelnden Wettbewerb bei derartigen Entwicklungen werden die Ausschreibenden abgeschreckt und die weitere Anwendung von Entwicklungen bleibt begrenzt.

Beispielsweise muss man sich doch die Frage stellen, warum heute die meisten Steinfassaden immer noch aus Natursteinen hergestellt werden? Festigkeiten und Sicherheiten, Gleichförmigkeit oder Ungleichförmigkeit oder Lieferbedingungen sind heute bei einer Betonsteinfassade weitaus vielfältiger, besser und umweltfreundlicher. Weshalb ist es heute immer noch günstiger einen Naturstein aus China, Südafrika oder der Türkei nach Deutschland zu transportieren und mit aufwendigen Verfahren zu bearbeiten und an die Wand zu hängen?

Abb. 22: Stelen aus Ultra-hochleistungsbeton im Bibelmuseum Frankfurt (Copyright: Fa. Benno Drössler GmbH, Siegen)

Abb. 23: Fassadenelemente aus Ultra-hochleistungsbeton für das Hochhaus Upper West in Berlin, oben Spannungsberechnungen, unten Musterelement mit einer Elementdicke von 25mm (Copyright: Fa. Züblin AG, Fertigteilwerk Gladbeck)

Dennoch geben die Anwendungsmöglichkeiten neuer Werkstoffe oder Produkte in der Betonfertigteilindustrie eine weitreichende Entwicklungschance für neue Gestaltungsideen. Solange es sich um „transportable" Einzelelemente handelt sind alle Entwicklungen denkbar, bei der Gestaltung von Gebäuden müssen jedoch die Einzelelemente im Fertigteilbau zusammengefügt werden. Hierzu müssen in Zukunft noch weitere Fügetechniken entwickelt werden.

Derzeit werden die Betonteile entweder durch einen „massivbaumäßigen" Verguss oder „stahlbaumäßige" Elemente, wie Schweißen und Schrauben, verbunden. Hier sind noch weitere Entwicklungen zu erwarten, obgleich bereits erste Überlegungen und Untersuchungen zum Verkleben von Betonbauteilen gemacht werden. Eine der ersten Anwendungen hat ebenfalls bereits stattgefunden, denn bei der weithin bekannten Gärtnerplatzbrücke [7], einer Stahlverbundbrücke mit Deckplatten und Diagonalen aus Ultrahochleistungsbeton, wurden erste Erfahrungen durch das Kleben der Deckplatte auf dem Obergurt des Stahlverbundträgers mittels eines Epoxydharzklebers gemacht.

Abb. 24: Montage der Deckplatten bei der Gärtnerplatzbrücke in Kassel (Copyright: Fa. ELO Elementwerke Osthessen GmbH, Fulda)

Weiterführende Untersuchungen wurden seitens der Wissenschaft bereits angestellt. So beschäftigt sich eine Dissertation an der Technischen Universität München ausführlich mit dem Kleben von Betonbauteilen [8].

4 Literaturverzeichnis:

[1] DIN EN 1992-1-1: Bemessung und Konstruktion von Stahlbeton- und Spannbetontragwerken: Teil 1-1 Allgemeine Bemessungsregeln und Regeln für den Hochbau mit NAD, Beuth Verlag, Berlin, 2011.

[2] Bachmann, H., Steinle, A., Hahn, V.: Bauen mit Betonfertigteilen im Hochbau, Bauingenieur Praxis, Ernst & Sohn, Berlin, 2010

[3] Bachmann, H..: Filigran und schnell montierbar - Taunusturm Frankfurt a.M., in BetonBauteile 2014 S.110-115, Bauverlag BV GmbH, Gütersloh, 2014

[4] Rößner, H.: Neue Möglichkeiten bei Architekturbetonfassaden -Büro- und Geschäfts-haus Ohligsmühle, Wuppertal, in BetonBauteile 2014 S. 116-121, Bauverlag BV GmbH, Gütersloh, 2014

[5] Drössler, T.: Selbstverdichtende Hochleistungsbetone (HPC und UHPC) als Architekturbetone für Fassaden und Sonderanwendungen, in BWI - BetonWerk-International 4/2012 S.164-167.

[6] Mazzacane, P., Riccioti, R., Teply, F., Tollini, E., Corvez, D.: MUCEM: the builders perspective, in Toutlemonde, F. et.al.: Proceedings of the RILEM - fib-AFGC International Symposium on Ultra-High Performance Fibre-Reinforced Concrete, Marseille 2013, RILEM Publications S.A.R.L. Bagneux, France.

[7] Fehling, E., Bunje, K., Schmidt, M, Walter, S.: The „Gärtnerplatzbrücke" Design of first Hybrid UHPC-Steel Bridge across River Fulda in Kassel, Germany. In: Fehling, E., Schmidt, M., Stürwald, S. eds. Second International Symposium on Ultra High Performance Concrete, March 05-07, 2008 Kassel, Germany. Kassel University Press, Page 581-588.

[8] Mühlbauer, Ch.: Fügen von Bauteilen aus ultra-hochfestem Beton (UHPC) durch Verkleben, Dissertation Technische Universität München Lehrstuhl für Massivbau 2012.

5 Autor

Dr.-Ing. Hubert Bachmann
Ed. Züblin AG
Albstadtweg 3
70567 Stuttgart

New approaches for conceptual design and construction: Centro Ovale concrete shell at Chiasso and Maison de l'Écriture at Montricher (Switzerland)

Aurelio Muttoni

Abstract

Incorporating recent findings in form-finding techniques and new technologies for construction has opened a set of fresh possibilities for the conceptual design and construction of innovative structures. In this paper, two examples recently built in Switzerland are presented. These examples show how such innovative tools can be efficiently used in the search for new and optimal solutions to architectural needs.

1 Introduction

New developments have been introduced in the last years on a number of topics related to structural engineering and construction techniques. Particularly, form-finding techniques based on numerical tools and computer-assisted methods for construction of formworks have allowed to explore new shapes or to build in an efficient manner classical ones.

This paper presents the application of these techniques to two cases recently built in Switzerland. The first one is the Centro Ovale at Chiasso (Switzerland). It consists of a 100 mm-thick concrete shell spanning over 92.8 meters. The design of the shell required the use of advanced numerical models and the shape was constructed in an efficient manner by using numerical tools for cutting and placing of scaffolding and form-working.

The second project is the Maison de l'Écriture at Montricher (Switzerland). It refers to a concrete canopy that serves for suspending a number of huts (residences for writers). The form of the canopy was obtained through analysis of the shear field of a flat slab, in order to determine the ideal location of the members carrying shear.

2 Design of a concrete shell for covering of a shopping mall at Chiasso

2.1 Why a concrete shell?

In order to cover a new shopping mall to be constructed at Chiasso (Switzerland), an ellipsoid-shaped roof was planned [1]. This satisfied the requirements of the client in terms of usability, architectural needs and image. The thickness of the ellipsoid was decisive since it directly influenced the amount of surfaces that could be rented, see Figure 1a. Solutions were investigated using timber and steel linear elements. Local buckling was however governing for these solutions, requiring significant thicknesses in the most critical parts. This led to uneconomical solutions for the client, with significant reductions on the rentable surfaces. A concrete shell showed on the contrary to be a suitable solution. Its thickness was of only 100 mm in the critical regions influencing the rentable surfaces. This allowed the client to have sufficient space at disposal and optimized the cost of the mall (Figure 1b).

(a)

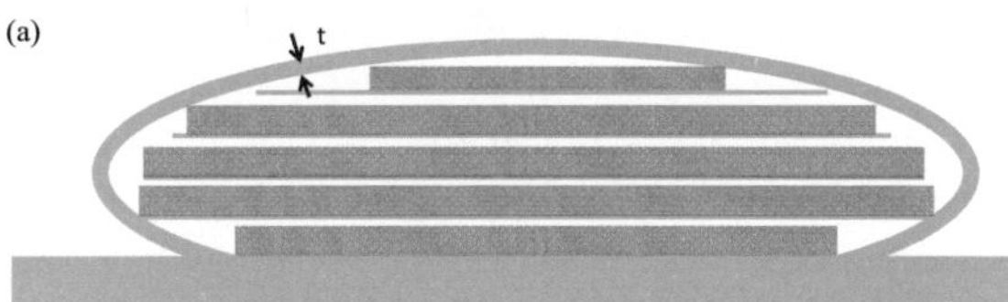

(b)

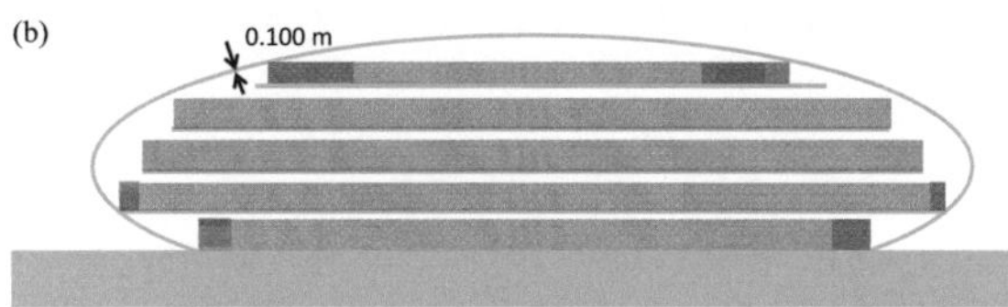

Fig. 1: Influence of the thickness of the roof on the rentable surfaces: (a) thick roof; and (b) thin concrete shell

2.2 Geometry and main properties of the shell

The ellipsoid shell has axis dimensions of 92.8 m (long axis) × 51.8 m (small axis) × 22.5 m (height). The ellipsoid is cut by a horizontal plane and is supported on a concrete basement composed of transverse walls, leading to a total height for the shell of 18.24 m, see Figure 2. The thickness of the shell is variable. A value of 100 mm was selected as the

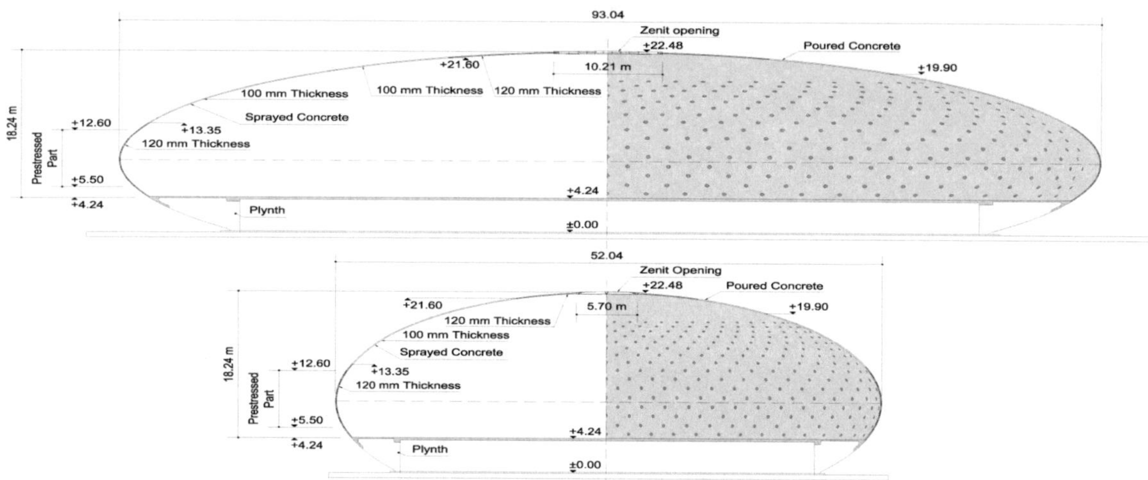

Fig. 2: Main geometrical dimensions: (a) section along long axis; (b) section along small axis

default thickness. This was justified due to constructive reasons (minimum thickness respecting necessary reinforcement cover) and also to allow ensuring sufficient safety against buckling. Four reinforcement layers were provided, two at the intrados and two at the extrados of the shell. The reinforcement layers were oriented following the radial (meridian) and tangential (parallel) directions. This was selected as the most effective layout for statical reasons.

Arrangement of four layers was justified to control bending moments and shear forces developed at the basement connection, near the prestressed zone and for connecting to the steel piece placed at the zenith opening (Figure 2). Bending moments and shear forces in other regions were very limited. Four reinforcement layers were nevertheless arranged in all regions for constructive reasons, to ensure suitable crack control (which may potentially appear depending on the load cases) and to ensure sufficient safety against buckling of the structure. In addition to the ordinary reinforcement, 35 post-tensioning tendons (0.6" monostrand tendon) were arranged near the equator of the shell (from level +5.50 m to level +12.60 m, refer to Figure 1) to carry membrane tension along the horizontal direction (they presented in addition a limited dimension for the plastic duct thus minimizing the disturbance in the compression field developing through the shell. The thickness of the shell was increased in this region to 120 mm (between levels +4.24 and +13.35).

At the level of the connection to the concrete basement (between levels +4.24 and +5.14) shear studs were also arranged to provide sufficient shear strength and deformation capacity in this region (subjected to parasitic shear forces and bending moments).The thickness of the shell was also 120 mm from level +21.60 to the zenith opening. On the top part, the increased thickness allowed to link the concrete shell to a steel structure placed at the zenith opening (10.21 m × 5.70 m), allowing day light to reach the inside of the mall. In addition, between levels +4.81 m and +18.78 m, a number of circular openings (diameter 0.40 m) were also arranged, see Figure 2.

2.3 Concrete properties

Formwork was placed over a timber scaffolding, Figure 3a. The formwork was composed of panels bent in situ and screwed at their corresponding position (Figure 3b). Reinforcement was then placed and concrete was sprayed or poured in situ (Figure 3c,d). Time for placing of the reinforcement and concreting of the shell took about 3 months in total.

In the sprayed concrete region, between levels +4.24 m to level +13.36 m, hooked metallic steel fibers (30 kg/m^3) were used. The fibres had a length of 30 mm and a length-to-diameter ratio of 80. The fibres were arranged to enhance crack control (in the post-tensioned region) and to improve the ductility of concrete under high normal and shear forces (at the link to the basement). The sprayed concrete had 300 kg/m^3 of cement and 25 kg/m^3 of lean lime. The latter was placed to enhance workability of the concrete. The aggregate sizes between 0 and 4 mm were 70 % of the total, the rest ranging between 4 and 8 mm. The addition of water was performed at the spraying gun.

2.4 Construction of the shell

The structure was cast using sprayed concrete from level +4.24 m to level +19.90 m. This allows using conventional (one-side) formwork for the entire shell. Where the slope was sufficiently limited (lower than 20°, from level +19.90 m to level +22.48 m), concrete was poured conventionally. For both concrete types, a characteristic compressive strength at 28 days equal to 30 MPa was specified.

(a)

(b)

(c)

(d)

Fig. 3: Construction of the shell: (a) temporary scaffolding; (b) placing of prestressing tendons; (c) spraying of concrete; and (d) pouring of concrete

After concreting, decentering of the shell was performed. For the present shell, it was performed in a number of phases, in order to avoid decentering to be the governing design situation. First, half of the post-tensioning force was applied (one out of two tendons post-tensioned). Then, the wood scaffolding in contact with the post-tensioned zone was removed, followed by the post-tensioning of all tendons. This operation ensured correct post-tensioning transfer to the concrete. Finally, the vertical struts of the scaffolding supporting the top region of the shell were gradually released, leading to the complete decentring of the structure. Measured deflections were recorded during the process in good agreement to predicted values. Some pictures of the completed work can be seen in Figure 4.

Fig. 4: Completed work

3 Concrete Canopy of « Maison de l'Ecriture »

3.1 The "Maison de l'Ecriture" and its canopy

The "Maison de l'Ecriture" (MdE) is a centre dedicated to literature, with the aim to preserve and to promote it. It is composed of two buildings (a library and an auditorium), and a number of suspended residences (currently under construction).

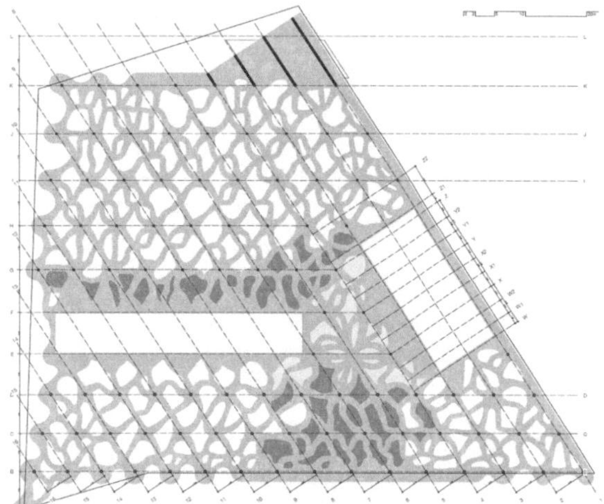

Fig. 5: Top view of the canopy of the MdE

The canopy of the MdE is one of its symbols. This 4'500 m^2 - 400 mm thick structure is supported on slender centrifuged concrete columns with heights varying between 9 and 18 meters. It links the different parts of the MdE (Figure 5), and offers the anchorage points for suspending huts (Figure 6) [2].

3.2 Conceptual design

In a forest, a canopy is not an assembly of branches, neither a continuum mass. In the same manner, the canopy of the MdE is not a flat slab neither an assembly of beams. Its shape expresses the theoretical location and shape where the shear forces are carried inside a slab towards the supports (its shear field). The regions near the columns (where shear forces are larger) become thus continuous. On the contrary, at a certain distance from the columns, the shear forces are moderate, resulting into linear members.

3.2.1 The concept of the shear field of a slab

The shear field is a vector field representing the direction (φ_0) and magnitude (v_0) of the principal shear force per unit length in a slab [3]. With respect to reinforced concrete slabs, a sandwich model is particularly useful to explain the physical meaning of such parameters. It considers a slab divided into three regions (Figure 7a): a core carrying shear forces (Figure 7b) and two outer panels (Figure 7c) carrying in-plane shear and normal forces (thus equilibrating internal bending and torsion moments).

Fig. 6: Views of the MdE, its canopy and suspended huts

With respect to the core, the shear forces per unit length acting in the cross-section (v_x and v_y) are in equilibrium with the in-plane shear forces developed in the upper and in the lower faces of the core, see Figure 7b. Such in-plane shear forces are in turn in equilibrium with the force-increments acting in the panels as shown in Figure 7c. The in-plane shear forces (v_x and v_y) are two vectors whose resultant is the principal shear force, defined by its magnitude (v_0) and by its in-plane direction (φ_0), see Figure 7d.

It can be noted that the in-plane principal shear force is in equilibrium with the cross-section principal shear force in the core of the sandwich, which has the same magnitude (v_0) and develops in a plane perpendicular to the direction φ_0 (Figure 7c,d). The shear field can be represented by a set of lines with

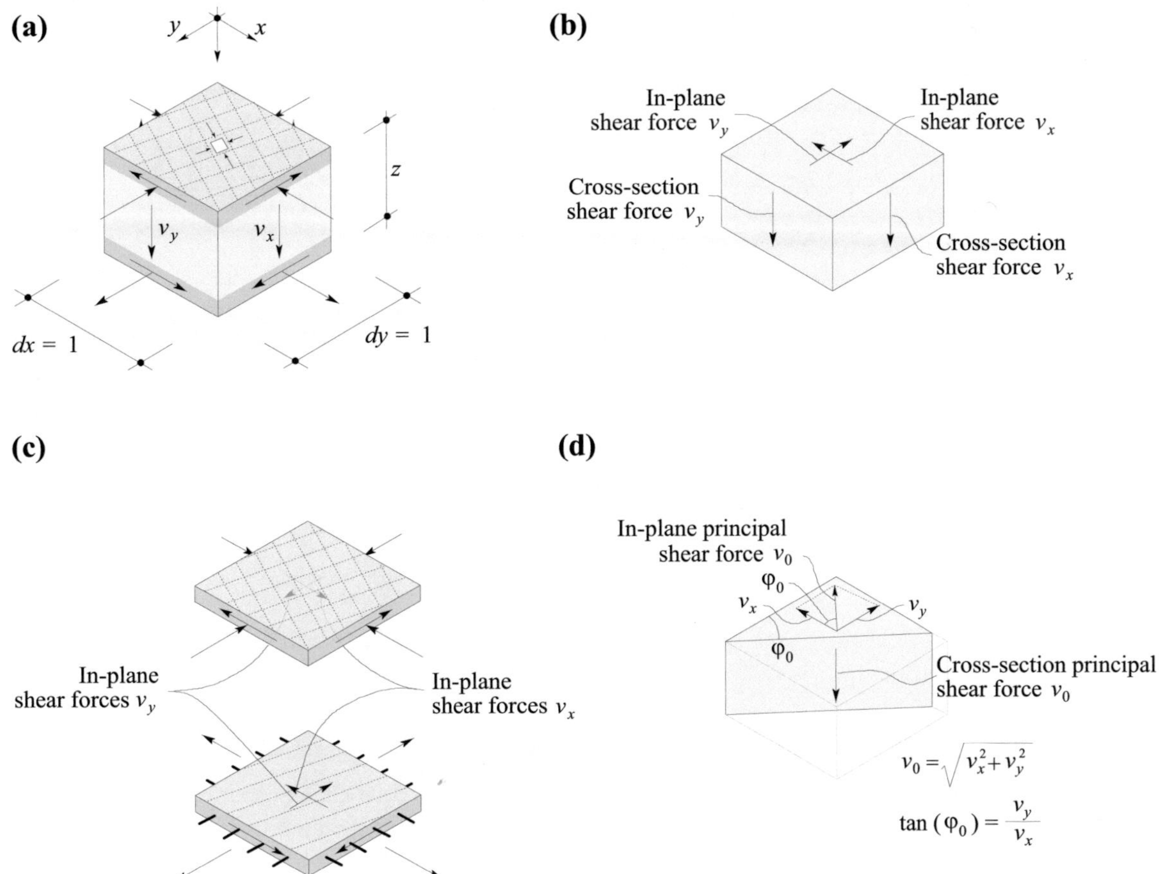

Fig. 7: The concept of shear field. Sandwich model of a reinforced concrete slab element: (a) general view of the element; (b) forces acting on the core; (c) forces acting on the panels; and (d) magnitude and direction of the principal shear force

direction φ_0 at each point and whose thickness is proportional to its magnitude (v_0). Such plots help understanding the shear forces developing in a slab and thus how the forces are carried towards the supports of the slab.

3.2.2 Form-finding in the canopy of the MdE

In order to determine the shape of the canopy of the MdE the shear field of a flat slab supported on the actual buildings and columns was computed. This allowed tailoring the canopy to the boundary conditions as well as refining its shape to adapt it to the architectural needs.

After a number of preliminary designs, the shape of Figure 8a was selected as satisfactory from an engineering and architectural point of view. A column between the library and auditorium was eventually removed to enhance the space in the place between them (Figure 8b), and the resulting shear field thus adapted to this circumstance.

Once the shear field was selected, only the required matter for carrying shear was kept (refer to Figure 8c). The moment field (bending and torsion moments) of the resulting structure was thus modified with respect to the one of the continuous slab (as the top and bottom layers of the sandwich model are no longer present everywhere). However, the shear field of the continuous slab and of the canopy is still the same, as the forces in the canopy are carried to the supports by following the direction of the beams (thus justifying the selected procedure to find the shape of the structure).

3.3 Buildings

Other than the canopy, two conventional buildings were introduced as part of the construction, a library and an auditorium. The buildings have continuous walls of 12 m height above the soil level. Thus, the canopy turned also to be a continuous slab at its interface with them (Figs. 6,9).

3.4 Columns

A forest canopy is supported by slender trunks in the same manner as the canopy of the MdE is also supported on a number of slender columns. These columns have variable height varying between 18 and 9 meters and with diameters varying between 450 and 350 mm. They were prefabricated in centrifuged concrete.

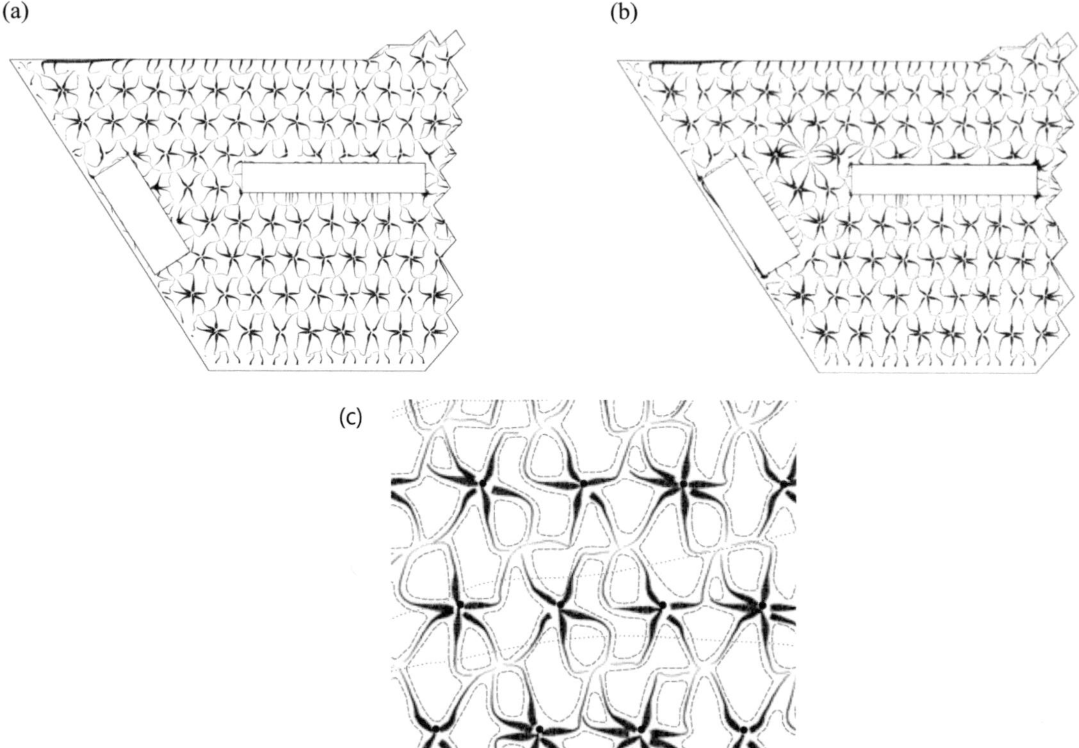

Fig. 8: Conceptual design: shear field analysis of the canopy: (a) for regular column spacing; (b) with one column eliminated in between library and auditorium; and (c) obtaining the structure geometry from the shear field

The mechanical slenderness of the columns was kept approximately constant ($L_{cr}/\phi \approx 30$). This optimized the mechanical behaviour of the members and was in agreement with the architectural expression (Figure 9). To do so, some columns required to be clamped in the foundations while others were simply supported on the foundations (to enhanced ease of construction of the prefabricated members).

Fig. 9: Slender precast columns

3.5 Detailed design

Once the final geometry was established, the canopy was designed by using a 3-D model of the structure (accounting for the plain and linear regions, see Figure 10). This allowed determining the inner forces of the structure, as its structural behaviour depends on the actual placing of the members and on their linkage. On that basis, the reinforcement was designed.

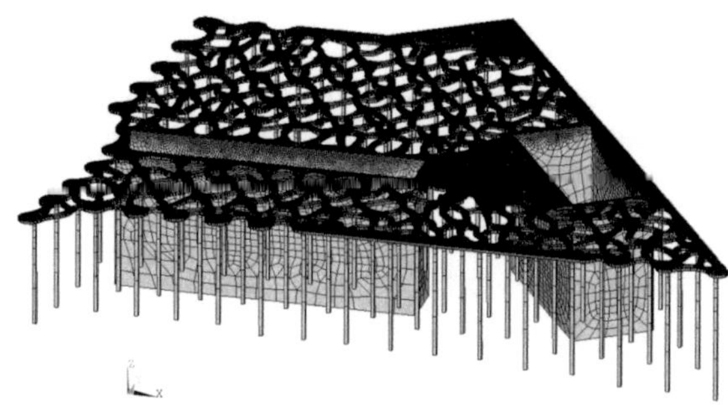

Fig. 10: 3D model for detailed design

The reinforcement was adapted to the various regions of the structure. For typical spans of 7 m approximately, concrete was reinforced by using ordinary reinforcement and steel fibres (20 kg/m^3). The fibres allowed reducing the required minimum reinforcement amount and helped in zones where ordinary reinforcement was difficult to be placed due to complex geometries. In addition, non-prestressed strands were also used (1/4"- diameter, $f_{p0.1k}$ = 1770 MPa) to suitably reinforce the member and to provide continuous reinforcement at the nodal regions.

In the linear members, reinforcement followed the shape of the members and was composed of groups of up to 4 bars diameter 10 mm bent "in situ".

In order to carry shear, torsion and deviation forces, transverse pins were arranged at the sides of the members. This reinforcement was developed at the nodal (continuous) regions, where a classical orthogonal reinforcement layout was arranged (see Figure 11).

Fig. 11: Placing of ordinary reinforcement and non-prestressed strands

Over the columns, steel heads were placed (Figure 12). These elements were specifically designed to provide sufficient punching shear strength and anchorages required for suspending the residences. The shearheads were composed of four prismatic members with threaded holes (thus allowing screwing the anchorage pieces of the residences). These prismatic members served also to weld the lateral profiles as well as the main plates (35 mm thick).

A peculiar zone was the region between the library and auditorium, where a column was removed (Figure 8b). In this zone, the span length was thus doubled and deflections were significantly larger than in the rest of the canopy. As a consequence, post-tensioning tendons were also placed (Figure 13), which allowed suitably balancing a considerable fraction of the permanent loads leading to deflections similar to the rest of the structure.

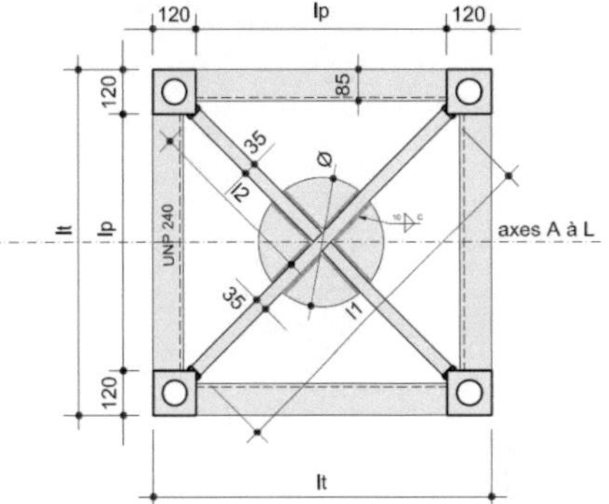

Fig. 12: Steelheads

3.6 Testing and research

Two specific testing campaigns were conducted specifically for the MdE project to assess the performance of the proposed structural solutions. The aim of the testing programmes was double. First, to optimize the necessary fibre content in order to provide suitable development conditions of the non-prestressed strands. Second, to perform a full-scale test to check the performance and cracking behaviour of the nodal regions

Thanks to these campaigns, the amount of fibres was optimized leading finally to a rather low content of 20 kg/m^3. This amount was selected as a good synthesis between the required mechanical performances and constructability.

The first campaign (conducted at the University of Applied Sciences in Fribourg, Switzerland) was performed on specimens with fibre content of 0, 20 and 40 kg/m^3. It was shown that for the selected materials and reinforcement amounts, 20 kg/m^3 was sufficient to provide enough strength and deformation capacity. Larger amounts of fibres led to relatively brittle failures and members without fibres were not providing the required strength. Additionally, measurements were performed on the cracking development and behaviour confirming the suitability of the selected fibre content. This campaign was also completed with an extensive material testing, where the strength of the fibre-reinforced concrete and its bond properties for various fibre contents were investigated. A second specimen was also tested at École Polytechnique Fédérale de Lausanne (Switzerland), see Figure 13, which allowed checking the feasibility of the reinforcement concept (placing) and the actual behaviour of nodal regions.

Fig. 13: Full-scale testing of a nodal zone

4 Conclusions

The Centro Ovale concrete shell and the canopy of the Maison de l'Ecriture have been designed to provide a suitable answer to the architectural needs of the projects. Novel conceptual design techniques and advanced scaffolding and construction means were used for both construction sites. This allowed tailoring the structures to the architecture and to refine it in successive steps.

5 References

[1] Muttoni A., Lurati F., Fernández Ruiz M., *Concrete shells - towards efficient structures: construction of an ellipsoidal concrete shell in Switzerland*, Structural Concrete, Volume 14, Issue 1, March 2013, pp. 43-50, DOI: 10.1002/suco.201200058

[2] Perret J., Fernández Ruiz M., Muttoni A., Fulcrand N., *Réaliser une Canopée*, Tracés no. 9, 2011, pp. 7-12.

[3] Vaz Rodrigues R., Fernández Ruiz M., Muttoni A. , *Shear strength of R/C bridge cantilever slabs*, Engineering Structures, Elsevier, Vol. 30, pp. 3024-3033, Netherlands, 2008. DOI:10.1016/j.engstruct.2008.04.017

6 Author

Prof. Dr.-Ing. Aurelio Muttoni
Ibeton
École polytechnique fédérale de Lausanne
Station 18
CH-1015 Lausanne
Schweiz

Schlanke vorgespannte Fertigteilfußgängerbrücke aus Textilbeton

Josef Hegger, Sergej Rempel und Christian Kulas

Zusammenfassung

Textilbewehrter Beton (TRC Textile-Reinforced-Concrete) ist ein innovativer Verbundwerkstoff, der Feinbeton und gitterartige Textilien als Ausgangsstoffe verwendet. Im Gegensatz zur Stahlbewehrung sind die Textilien nicht korrosionsgefährdet, sodass die Betondeckung auf wenige Millimeter reduziert werden kann. Daraus ergeben sich schlanke Betonkonstruktionen, die den Ansprüchen von Architekten und Planern entsprechen. Zusätzlich bieten sie ökonomische und wirtschaftliche Vorteile. Der Beitrag stellt eine realisierte Fußgängerbrücke vor, deren textilbewehrter Überbau eine Gesamtlänge von 97 m aufweist. Insbesondere wird dabei auf die Brückenkonstruktion und das Tragverhalten eingegangen.

1 Einleitung

Textilbewehrter Beton (TRC) ist ein innovativer Verbundwerkstoff, der Feinbeton und maschenartige, technische Textilien als Ausgangsstoffe verwendet. Die textile Bewehrung wird aus alkaliresistentem Glas (AR-Glas) oder Carbon hergestellt und ist daher nicht korrosionsgefährdet. Dieser Vorteil erlaubt es die Betondeckung bis auf wenige Millimeter zu reduzieren. Im Gegensatz zum Stahlbeton können so extrem schlanke Betonbauteile produziert werden. Aufgrund der kleinen Maschenöffnungen des Textils darf das Größtkorn der Feinbetonmatrix aus Gründen der Betonierbarkeit 5 mm nicht überschreiten.

Textilbeton eignet sich besonders für Fassadenplatten. Die geringe Betondeckung von etwa 10 mm - 15 mm reduziert das Gewicht um etwa 50 % im Vergleich zu einer herkömmlichen Stahlbetonfassade. Hegger et al. und Kulas et al. beschreiben in [1]-[3] die Anwendungsmöglichkeiten für hinterlüftete Fassaden und Sandwichfassadenplatten, wie auch das Tragverhalten von Textilbetonbauteilen [4]. Eine weitere Anwendung ist der Einsatz von Textilbeton bei Bauwerken mit Chloridangriff, hervorgerufen durch eine Frost-Tausalz-Beanspruchung. Ein Beispiel dafür ist die Fertigteilfußgängerbrücke, die in diesem Beitrag behandelt wird.

Vorhandene betonstahlbewehrte Brücken weisen oft Schäden auf, die infolge von Stahlkorrosion eintreten. Ein Grund hierfür ist eine zu geringe Betondeckung, die nach damaligen Anforderungen festgelegt wurde. Die minimale Deckung ist nicht in der Lage die Stahlbewehrung vor Karbonatisierung und Chloridangriffen zu schützen. Die Konsequenzen sind Risse und Betonabplatzungen. Diese Schäden sind nicht nur optische Mängel, sondern beeinflussen das Tragverhalten negativ. Als Folge können solche Bauwerke nur mit einem enormen Kostaufwand saniert werden können. In einigen Fällen sind sogar der Abriss und ein anschließender Neubau des Bauwerks wirtschaftlicher. Ein Beispiel dafür ist die Fußgängerbrücke über eine Bundesstraße in Albstadt, gemäß, Abbildung 1. Die ursprüngliche Brücke musste aufgrund erheblicher Korrosionsschäden (Abbildung 2) durch eine neue ersetzt werden (Abbildung 1).

Abb. 1: Ansicht der neuen Textilbetonfußgängerbrücke in Albstadt [Foto: Groz-Beckert]

Abb. 2: Ursprüngliche Fußgängerbrücke in Albstadt mit Korrosionsschäden [Foto: Groz-Beckert]

Die Anforderungen an die Bewehrung infolge der Frost-Tausalz-Beanspruchung führten zu einem Querschnittsentwurf aus Textilbeton, da die textile Bewehrung resistent gegen den Chloridangriff ist. Des Weiteren konnte die Betondeckung auf 15 Millimeter reduziert werden, was zu einem schlanken, leichten und scharfkantigen Bauwerk mit einer hohen Betonoberflächenqualität führte. Im Gegensatz zu herkömmlichen Stahlbeton- und Spannbetonbauten war eine bituminöse Beschichtung auf der befahrbaren Oberfläche der Brücke nicht erforderlich, da ein gefügedichter Beton hoher Festigkeitsklasse verwendet wurde. Folglich werden Sanierungsarbeiten erheblich reduziert, da der übliche Austausch der Bitumenabdichtung nicht erforderlich wird.

Dieser Beitrag informiert im Detail über die Konstruktion der knapp einhundert Meter langen Textilbetonbrücke. Es werden die Materialien, Ergebnisse der Bemessung und experimentelle Untersuchungen vorgestellt.

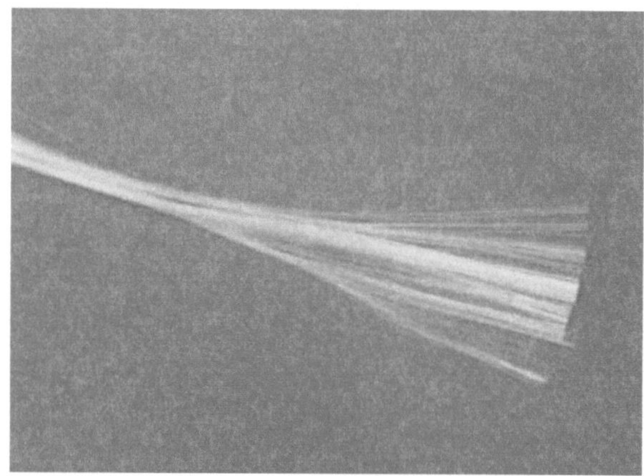

Abb. 3: Detailaufnahme eines Rovings; hergestellt aus hunderten von Filamenten

2 Materialien

2.1 Textile Bewehrung

Im Textilbeton werden gitterartige Textilien aus AR-Glas- oder Carbonfilamenten als Bewehrung verwendet. Gries et al. [5] beschreiben die Herstellung und die Materialeigenschaften der Textilien. Carbon hat den Vorteil der hohen Zugfestigkeiten von etwa 2500 N/mm^2. Allerdings war es während der Planungsphase nur bedingt verfügbar. Zudem liegen die Materialkosten im Vergleich zu AR-Glas deutlich höher. Aus diesen Gründen wurde AR-Glas für die textile Bewehrung der Fußgängerbrücke verwendet. Die AR-Glas-Rovings, die aus hunderten Filamenten bestehen, werden schließlich zu Textilgelegen verarbeitet (Abbildung 3 und Abbildung 4).

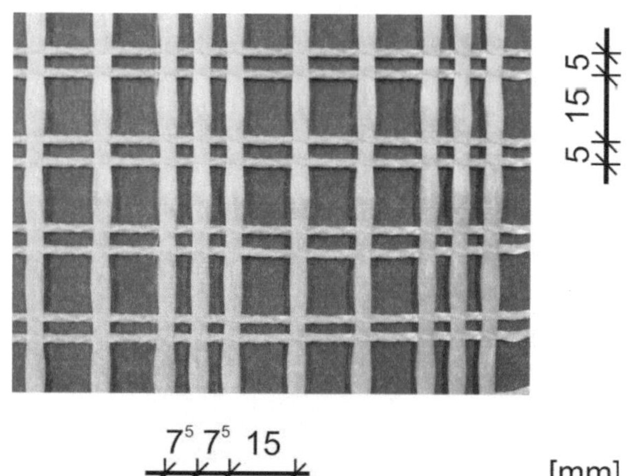

Abb. 4: Textilgelege bzw. Textilmatte

Die Abstände der Rovings betragen zwischen 5 mm und 15 mm. Im letzten Produktionsschritt wird die Textilmatte mit Epoxidharz getränkt. Es sorgt dafür, dass die inneren Filamente beim Lastabtrag aktiviert werden. Dabei penetriert das Harz tief in den Kern des Rovings, verbindet die Filamente miteinander und erzeugt somit einen homogenen Querschnitt. Durch die hohe Anzahl der aktivierten Filamente wird die Zugfestigkeit im Vergleich zu ungetränkten Textilien verdoppelt. Die Betonmatrix wäre nicht in der Lage die Filamente miteinander zu verbinden, da der benötigte Raum zwischen den wenigen Mikrometern dünnen Filamenten nicht vorhanden ist.

Nach der Tränkung müssen die Textilien unter hohen Temperaturen aushärten. Dafür gibt es zwei verschiede Methoden. Entweder findet die Temperaturbehandlung direkt nach der Tränkung statt, oder es wird zuerst ein duroplastisches Harz aufgetragen und anschließend erfolgt die Aushärtung unter hohen Temperaturen. Bei der ersten Variante wird das Textil durch eine Wanne mit flüssigem Epoxidharz gezogen. Im direkten Anschluss erfolgt die Aushärtung im Trockenturm bei Temperaturen um 160°C. Diese Methode wird vor allem zur Herstellung von ebenen Textilmatten angewendet. Die Tränkung mit dem duroplastischen Harz wird für die Produktion von Bewehrungsformen, z.B. Stegprofilen gemäß Abbildung 5, verwendet. Dabei verbleibt das Harz zunächst in einer sogenannten „B-Phase", in der es noch nicht ausgehärtet ist und deshalb formbar bleibt. Hierfür legt man das getränkte Textil in eine beliebige Schalungsform und härtet sie im letzten Schritt bei Temperaturen um 180°C über einen Zeitraum von etwa 20 min aus [6].

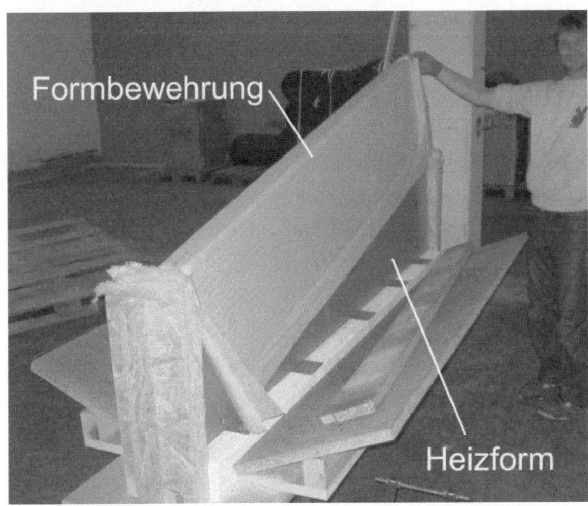

Abb. 5: Herstellung der Formbewehrung

Getränkte Textilmatten sind robust und weisen eine gute Handhabung und Bearbeitbarkeit auf. Diese Eigenschaften werden für eine praxistaugliche Massenproduktion bei der Fertigteilherstellung benötigt. Des Weiteren erhöht die Tränkung die Dauerhaftigkeit der AR-Glas Bewehrung. Raupach et al [7], [8] beschreiben die Vorteile der getränkten Textilien im Vergleich zu den nicht getränkten. Die wichtigsten Materialeigenschaften der verwendeten AR-Glas-Textilien sind in Tabelle 1 zusammengefasst.

Tab. 1: Textileigenschaften

Eigenschaften		Einheit	
Material		-	AR-Glas
Roving	Hersteller	-	OCV™ Reinforcement
	Bezeichnung	-	LTR 5325
	Titer	tex	3600 (= 1200 + 2400)
	E-Modul	N/mm^2	64800
Beschichtung		-	Epoxidharz (Hexion Speciality Chemicals, Inc)
Rovingabstand	0 ° /90 °	mm	5 ; 15 / 7,5 ; 15
Bewehrungsquerschnitt	0 ° /90 °	mm^2/m	134 / 119
Zugfestigkeit[1]	0 ° /90 °	N/mm^2	1035 / 1194

[1] Zugfestigkeit des Textils im Beton (Mittelwert)

2.2 Feinbeton

Aufgrund der geringen Maschenöffnungen wurde eine Betonrezeptur mit kleinem Größtkorn verwendet, um eine gute Betonierbarkeit der Textilien sicherzustellen. Der Feinbeton wurde im Sonderforschungsbereich 532 (SFB 532) an der RWTH Aachen entwickelt [9]. Während im SFB 532 ein Größtkorn von 0,6 mm eingesetzt wurde, enthielt die Betonzusammensetzung der Textilbetonbrücke einen Größkorn von 4 mm. Ein größerer Durchmesser des Korns verringert den Zementanteil und verbessert die Verarbeitbarkeit. Die Betonrezeptur wurde in Zusammenarbeit des Fertigteilwerks Sebastian Wochner GmbH & Co. KG und dem Institut für Bauforschung der RWTH Aachen (ibac) entwickelt [10]. Die wichtigsten Materialeigenschaften sind in der Tabelle 2 zusammengefasst.

Tab. 2: Betoneigenschaften des Frisch- und Festbetons des verwendeten Betons M9-15 im Vergleich zu anderen Feinbetonen [10]

Eigen-schaften	Einheit	M9-15	SFB 532 (Referenz)	M1 (Referenz)
Äquiv. w/b- Wert	-	0,41	0,47	0,45
Ausbreitmaß	mm	750	n.b.	n.b.
Luftgehalt	Vol.-%	2,8	0,4	n.b.
Frischbetonrohdichte	kg/m³	2256	2239	2490
Würfeldruckfestigkeit (28 d)	N/mm²	87,1	n.d.	68,7
Biegezugfestigkeit (28 d)		10,7	7,6	8,9
E-Modul (28 d)		33600	33000	37200
pH-Wert der Porenlösung (28 Tage nach der Herstellung)	-	13,2	13,5	14,0

3 Brückendaten und Konstruktionsdetails

Die Fußgängerbrücke mit einer Gesamtlänge von 97 m besteht aus sechs Fertigteilen mit Längen von 11,8 m bzw. 16,1 m in den Endfeldern und jeweils 17,2 m in den Mittelfeldern. Jedes Bauteil wurde im Fertigteilwerk mit einem konstanten Radius von R = 112,5 m hergestellt und anschließend auf der Baustelle auf Stahlrohrstützen gelagert. Aufgrund der schräggestellten Stützen wird eine effektive Spannweite von 15,05 m erreicht. Der Überbauquerschnitt ist ein 7-stegiger Plattenbalken mit einer Breite von 3,21 m, gemäß Abbildung 6. Jeder Steg wurde mit vier Monolitzen vorgespannt und mit einem einlagigen Textil bewehrt. Zusätzlich werden drei GFK-Stäbe in die Zugzone eingelegt.

Die textile Bewehrung der Stege besteht aus U-Profilen, in die die untere Zugbewehrung eingelegt wird. Die U-Profile werden in der Platte verankert, wobei die Rovings bis in die oberste Bewehrungslage geführt werden. Während die Zugkraft infolge der Biegebelastung von den GFK-Stäben, der textilen Bewehrung und den Monolitzen aufgenommen wird, besteht die Querkraftbewehrung ausschließlich aus den U-Profilen.

Die Betondeckung von 15 mm wurde an das Größtkorn und die Einbautoleranzen angepasst. Sie ist ausreichend um den Verbund der textilen Bewehrung mit dem Beton sicherzustellen. Die Betondeckung und der geringe Biegerollendurchmesser der Bewehrung von etwa 8 mm lassen eine minimale Stegbreite von nur 120 mm zu. Die Plattendicke beträgt am Kragarmende 90 mm und wächst zur Mitte auf 120 mm an. Dabei ist die oberste Schicht von etwa 10 mm als Verschleißschicht gegen mechanische Beanspruchung durch Fußgänger, Fahrradfahrer oder Schneeräumfahrzeuge vorgesehen. Darüber hinaus werden keine weiteren Deckschichten benötigt, sodass eine Gesamtquerschnittshöhe von 43,5 cm entsteht. Damit hat die Konstruktion eine Schlankheit von *H:L = 1:35*.

An jedem Mittelauflager wurden die Fertigteile durch vier V-förmig angeordnete Stahlstützen unterstützt. Die Fertigteile werden zwischen den Stützen mit jeweils zwei vorgespannten Gewindestäben und Elastomerlagern gekoppelt, sodass eine teilweise Einspannung entsteht (Abbildung 7). Die Vorspannkraft im Gewindestab sorgt dafür, dass das Elastomerlager auch nach Kriechen und Schwinden des Betons unter Bemessungslasten überdrückt bleibt. Auf diese Weise wurde in Brückenlängsrichtung eine teilweise Durchlaufwirkung erzeugt, die zur Erhöhung der Steifigkeit in Längsrichtung führt.

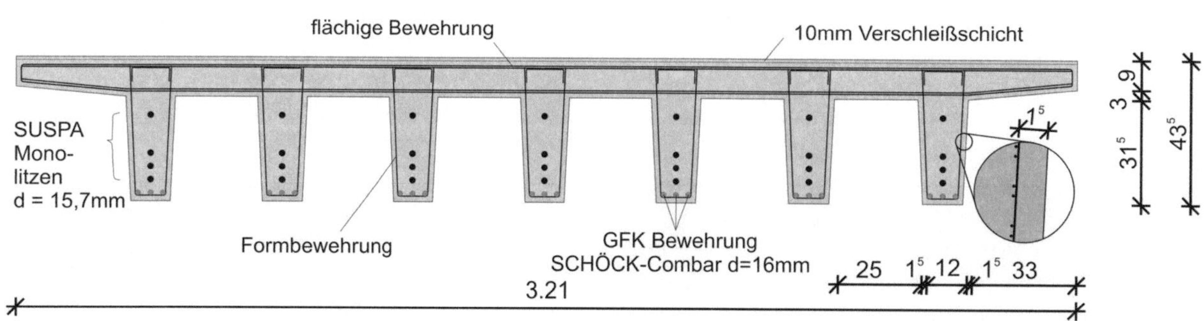

Abb. 6: Querschnitt des Textilbeton-Überbaus

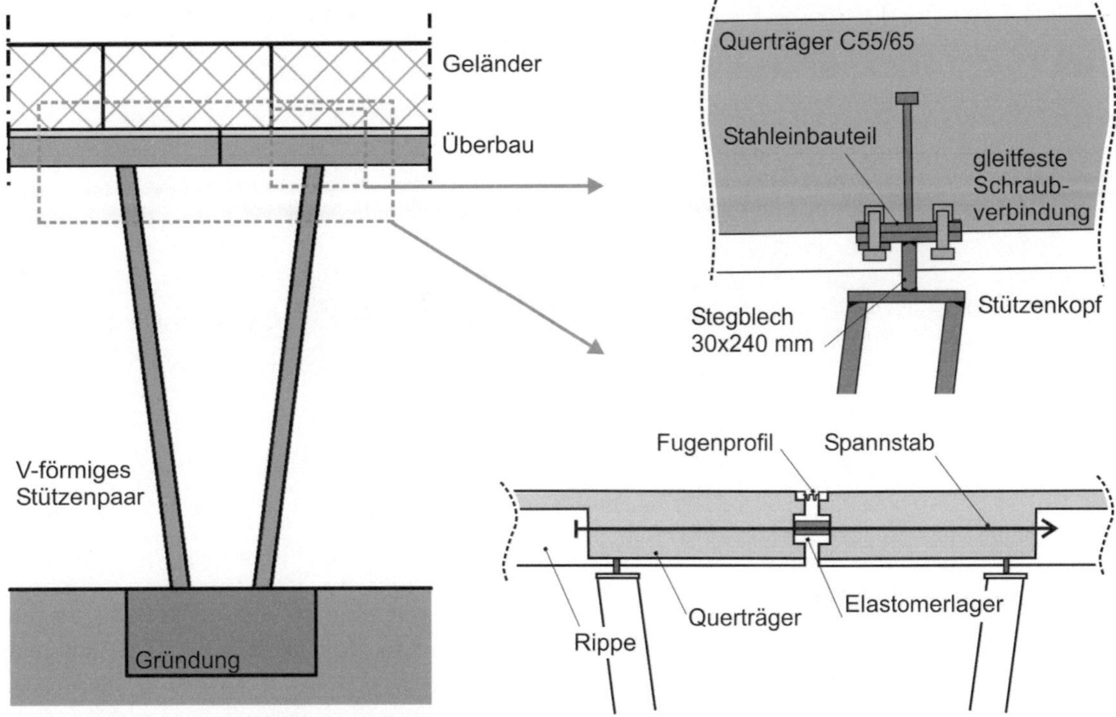

Abb. 7: Detail der Überbaufugen und des Stützenkopfanschlusses

Der Überbau ist an den Stützenköpfen über ein Stahleinbauteil direkt mit den Stahlstützen verbunden. An den Widerlagern ist der Überbau auf Elastomerlagern gelagert, die in Brückenlängsrichtung verschieblich sind. In Brückenlängsrichtung liegt somit eine „schwimmende Lagerung" vor. Die Lastweiterleitung in den Baugrund erfolgt in den Achsen 1 bis 5 durch eine Pfahlgründung mit Pfahlkopfplatte. An den Endauflagern wurden in Abhängigkeit von der Geländegeometrie Kastenwiderlager mit Flachgründungen ausgebildet (Abbildung 8).

4 Bemessung

4.1 Einwirkung

Die Randbedingungen und die erforderlichen Einwirkungen für die Bemessung der Brückenkonstruktion wurden auf Basis des DIN-Fachberichts 101 [11] festgelegt. Im Grenzzustand der Tragfähigkeit wurde neben Eigengewicht, Vorspannung, Kriechen und Schwinden, Fußgängerlast sowie Wind- und Schneelast ein Servicefahrzeug (Schneeräumung) mit einem zulässigen Gesamtgewicht von 5 t angesetzt.

Der Dekompressionsnachweis wurde für die häufige Einwirkungskombination geführt (Anforderungsklasse B) [12]. Dabei wurde für die Fußgängerlast ein reduzierter Kombinationsbeiwert $\psi_0 = \psi_1 = 0{,}3$ festgelegt. Die zulässige Rissbreite $w_k \leq 0{,}3$ mm für die seltene Einwirkungskombination konnte in den Bauteilversuchen nachgewiesen werden. Zusätzlich wurde in Anlehnung an Eurocode 5 [13] ein Schwingungsnachweis geführt.

Tabelle 3 gibt einen Überblick über die geführten Nachweise und die zugehörigen Einwirkungen.

Tab. 3: Einwirkungen

Nachweis	Einwirkung
Grenzzustand der Tragfähigkeit (GZT)	Eigengewicht
	Verkehrslasten (Fußgänger, Wind)
	Schneeraümfahrzeug (5 t)
Grenzzustand der Gebrauchstauglichkeit (GZG)	Dekompressionsnachweis (häufige Einwirkungskombination)
	Rissbreite ($w_k \leq 0{,}3$; seltene Einwirkungskombination)
Erdbeben	Erdbebenzone 3 (a = 0,8 m/s^2)
Schwingungsverhalten	Grenze der vertikalen Beschleunigung $a_v \leq 0{,}7$ m/s^2
	Grenze der horizontalen Beschleunigung $a_h \leq 0{,}2$ m/s^2

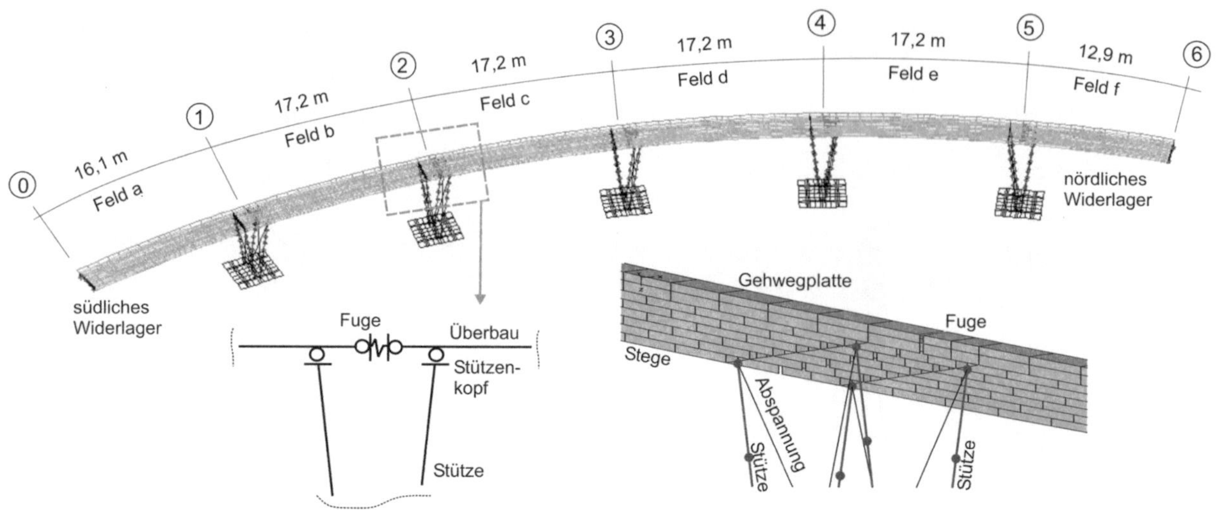

Abb. 8: Dreidimensionales Finite-Elemente-Modell

4.2 Querschnittstragfähigkeit

Die inneren Kräfte, Betonspannungen und die Schnittgrößen infolge der Lastfälle einschließlich der Vorspannung wurden mit einem 3D-Finite-Elemente Modell ermittelt (Abbildung 8). Dafür wurden der Überbau und die Fundamente mit Schalenelementen abgebildet. Für die Stahlrohrstützen wurden Biegestäbe implementiert, die auch die Steifigkeit des Stützenkopfs berücksichtigen. Mit dem Model wurden sowohl die Nachweise im Grenzzustand der Tragfähigkeit, wie auch im Gebrauchszustand geführt. Zusätzlich konnte das Schwingungsverhalten damit analysiert werden.

Mit Hilfe einer Spannungsintegration aus dem FE-Modell wurden die inneren Kräfte (*M, N, V*) für die einzelnen Stege bestimmt. Aufgrund des gekrümmten Grundrisses der Brücke unterscheiden sich die Momentenbeanspruchungen der Stege. Mit zunehmendem Radius erhöhen sich die Stützweite und damit die Beanspruchung. Mit der Vergrößerung des inneren statischen Hebelarmes der Vorspannung konnte dem entgegengewirkt werden. In Abb. 9 ist die Querschnittsausnutzung beispielhaft für das Endfeld „a" dargestellt.

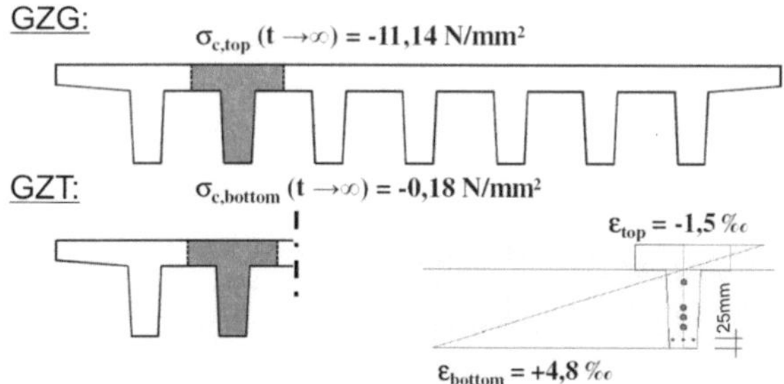

Abb. 9: Nachweis der Dekompression (GZG) und Dehnungsverteilung unter Bemessungslasten (GZT)

Die Bemessung des Textilbetonquerschnitts erfolgte nach [14] auf Basis der in [15] und [16] vorgestellten Modelle zum Tragverhalten von textilbewehrtem Beton. Der Einfluss der Vorspannung ohne Verbund auf die Querkrafttragfähigkeit wurde nach [17] abgeschätzt und durch experimentelle Untersuchungen überprüft [18].

5 Experimentelle Untersuchungen

Da Textilbeton zurzeit bauaufsichtlich nicht geregelt ist, musste die Fußgängerbrücke im Rahmen einer Zustimmung im Einzelfall (ZiE) genehmigt werden. Als Grundlage für die Genehmigung wurden umfangreiche Untersuchungen am Institut für Massivbau (IMB) und am Institut für Bauforschung (ibac) der RWTH Aachen durchgeführt. Exemplarisch werden das Tragverhalten der Fahrbahnplatte in Brückenquerrichtung sowie das Tragverhalten des Plattenbalkens in Brückenlängsrichtung beschrieben.

5.1 Tragverhalten der Fahrbahnplatte (Brückenquerrichtung)

Das Tragverhalten der Fahrbahnplatte wurde mit Vier-Punkt-Biegeversuchen ermittelt. Die Abmessungen des Versuchskörpers entsprachen dabei dem tatsächlichen Brückenquerschnitt. Allerdings wurde die 10 mm dicke Verschleißschicht bei den Versuchskörpern nicht angesetzt, sodass ein Querschnitt mit einer reduzierte Gesamthöhe von 110 mm geprüft wurde. Das Tragverhalten des Kragarms wurde mit dem Versuchsaufbau, der in Abbildung 10 dargestellt ist, untersucht.

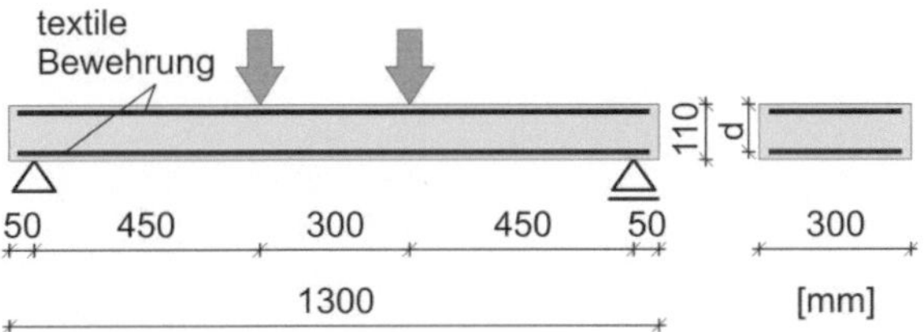

Abb. 10: Versuchsaufbau (Fahrbahnplatte); Vier-Punkt-Biegeversuch

Aufgrund des hohen Längsbewehrungsgrades und der fehlenden Querkraftbewehrung in der Fahrbahnplatte versagten alle Versuchskörper infolge der Schubbelastung. In Abbildung 11 ist das Rissbild des Versuchskörpers kurz vor dem Versagenszustand zu erkennen. Alle Versuchskörper weisen ein fein verteiltes Rissbild auf. Die Rissabstände liegen zwischen 1 und 3 cm.

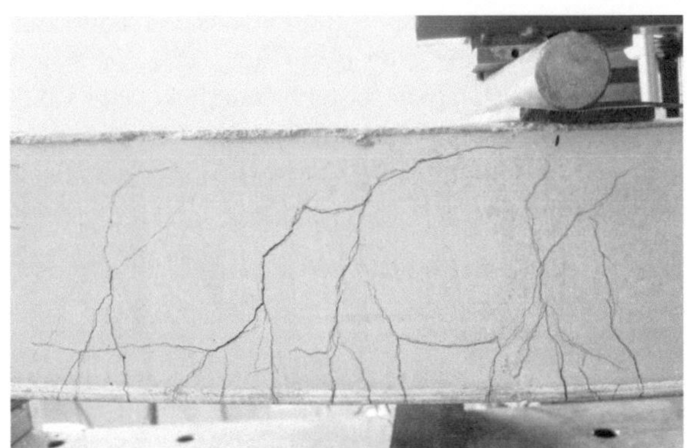

Abb. 11: Fahrbahnplatte (Vier-Punkt-Biegeversuch): Rissbild

In Abbildung 12 ist der diagonale Versagensriss nach überschreiten der maximalen Prüfkraft gut zu erkennen. Im Bruchzustand öffnete sich dieser Biegeschubriss, der sich zu einem horizontalen Riss auf Höhe der unteren Bewehrungslage weiterentwickelte. Dieses Bauteilverhalten kann an Stahlbetonplatten ohne Schubbewehrung ebenfalls beobachtet werden.

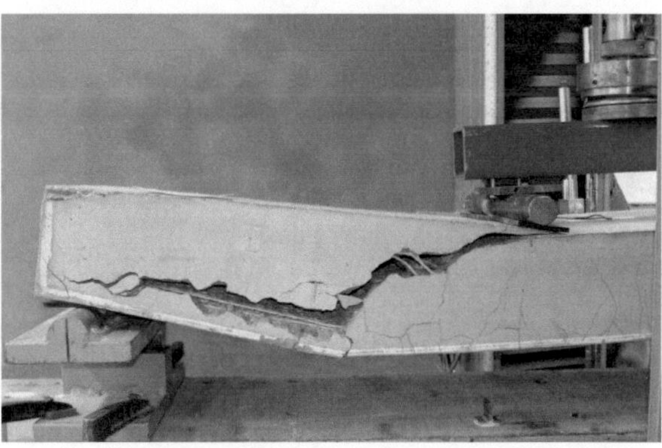

Abb. 12: Fahrbahnplatte (Vier-Punkt-Biegeversuch): Versagenszustand

Abbildung 13 zeigt die auftretenden Textilspannungen in Abhängigkeit der zugehörigen Verformungen der Versuchskörper. Vergleicht man die erreichten Textilspannungen im Vier-Punkt-Biegeversuch mit den Spannungen im Dehnkörperversuch, die in Tabelle 1 angegeben sind, so stellt man fest, dass diese um etwa 45 % überschritten werden. Die mittlere Textilspannung im Biegeversuch beträgt etwa 1500 N/mm^2. Hegger und Voss [19] erklären diesen Effekt mit der Aktivierung der inneren Filamente, die durch die Umlenkung an der Risskante beansprucht werden. Dieser Effekt ist bei den getränkten Textilien nicht maßgebend. Eher ist hier auf einen verbesserten Verbund zwischen den Textilien und dem Beton zu schließen. Zurzeit werden die genauen Ursachen dieses Effekts untersucht.

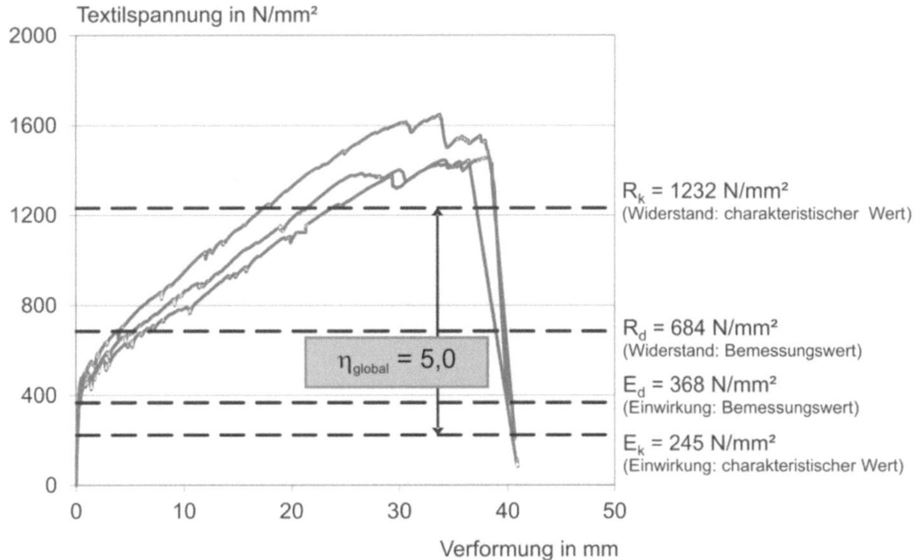

Abb. 13: Textilspannungs-Verformungsdiagramm (Fahrbahnplatte, Vier-Punkt-Biegeversuch)

Im Grenzzustand der Gebrauchstauglichkeit (GZG) wird vom Bauherrn eine zulässige Rissbreite w_k = 0,3 mm gefordert. Dieses Kriterium wird im Gebrauchszustand erfüllt, da der Prüfkörper ungerissen bleibt. Der globale Sicherheitsfaktor zwischen der Einwirkung E_k und dem charakteristischen Widerstand R_k beträgt η_{global} = 5,0.

5.2 Tragverhalten der Plattenbalken (Brückenlängsrichtung)

Mit dem Versuchsaufbau gemäß Abbildung 14 wurde das Querkrafttragverhalten der Fußgängerbrücke in Längsrichtung untersucht. Der Versuchskörper wurde vereinfachend mit drei anstelle der tatsächlich sieben Stege geprüft. Die Versuchsergebnisse wurden im Anschluss auf sieben Stege extrapoliert. Während des Versuchs betrug der Abstand der Lasteinleitung zum Auflager 1,2 m. Das entspricht einer Schubschlankheit von a/d = 3,0

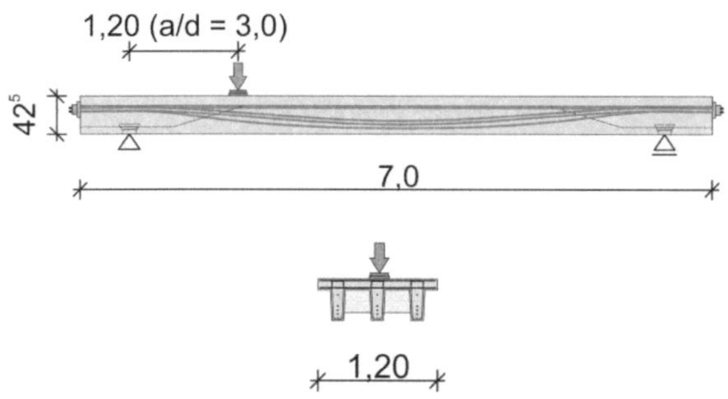

Abb. 14: Plattenbalken: Versuchsaufbau zur Überprüfung der Querkrafttragfähigkeit

Der Bruchzustand war durch ein Versagen der Betondruckzone gekennzeichnet (Abbildung 15). Im Gebrauchszustand blieb der Versuchskörper ungerissen.

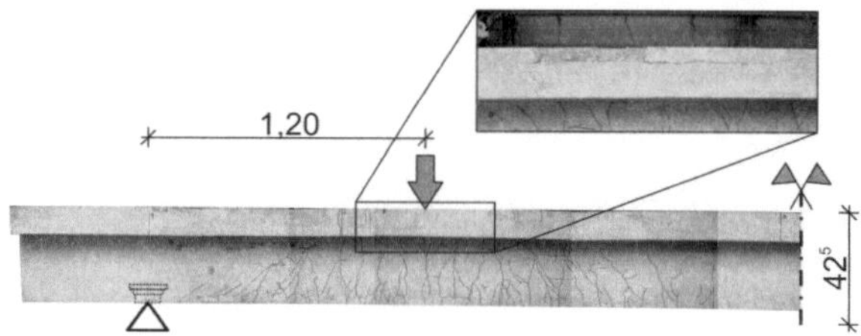

Abb. 15: Plattenbalken: Rissbild und Bruchzustand (Versagen der Betondruckzone)

Auf der horizontalen Achse in Abbildung 16 ist die bezogene Durchbiegung angegeben. Man erkennt, dass die Versuchskörper sehr große Verformungen im Tragfähigkeitszustand (GZT) zwischen 1/200 und 1/150 erreichen können. Eine hohe Verformung und ein ausgeprägtes Rissbild deuten das Versagen des Prüfkörpers frühzeitig an (Abbildung 15). Wie schon bei den Tragfähigkeitsuntersuchungen der Fahrbahnplatten in Querrichtung konnte auch hier eine globales Sicherheitsniveau von η_{global} = 5,0 erzielt werden.

5.3 Tragverhalten der Brücke im Originalmaßstab

Zusätzlich zu den 7 m langen Versuchen unter Laborbedingungen wurde ein Biegeversuch am realen Brückenquerschnitt durchgeführt. Das 17,2 m lange und 3,21 m breite Brückensegment wurde im Hof des Fertigteilwerks mit Betonblöcken belastet. Die Gewichte wurden dabei schrittweise auf einer Fläche von 2,0 m x 3,21 m aufgebracht (Abbildung 17).

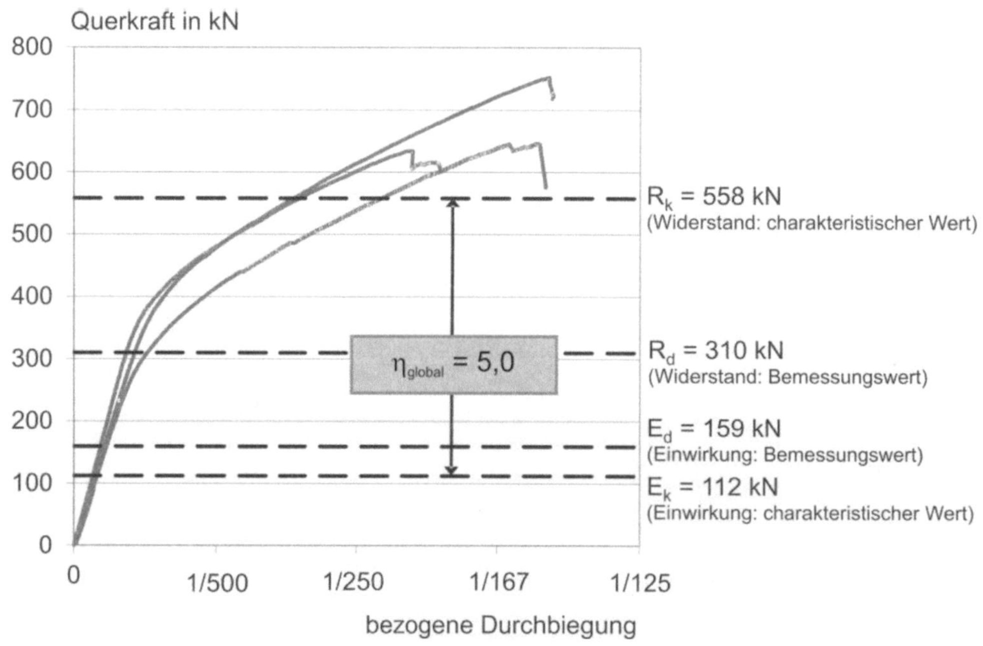

Abb. 16: Querkraft-Verformungsdiagramm (Plattenbalken)

Abb. 17: Betonblöcke für die Tragfähigkeitsuntersuchungen am realen Brückensegment

Ab einer aufgebrachten Masse von etwa 83 t (2.800 kNm), das entspricht ungefähr 80 % der maximal aufgebrachten Belastung, konnte eine Rissbreite von 0,3 mm gemessen werden. Diese maximal zulässigen Rissbreiten traten erst bei mehr als der doppelten rechnerisch ermittelten Belastung auf, wobei die Rissbildung bei 1.200 kNm auftreten sollte.

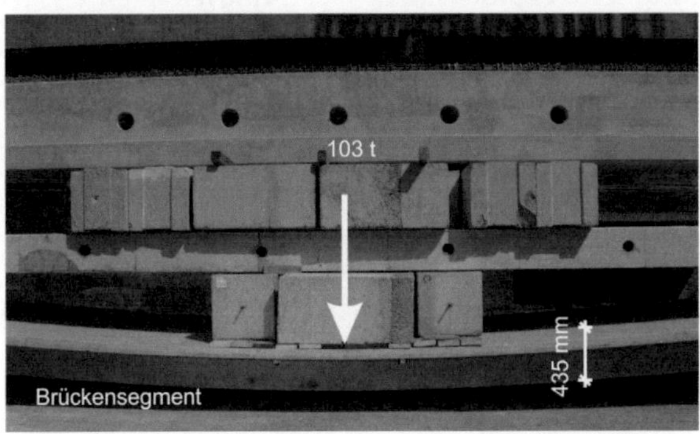

Abb. 18: Verformung des Brückenfertigteils: Seitenansicht

Abb. 19: Verformung des Brückenfertigteils: Längsansicht

Die maximale Masse, die auf das Brückensegment aufgebracht worden ist, betrug 103 t (Abbildung 18 und Abbildung 19). Eine Erhöhung der Belastung war aus Sicherheitsgründen nicht möglich, da die aufeinander gestapelten Betonblöcke eine kritische Höhe erreicht hatten und umzustürzen drohten. Bei dieser Last von 103 t konnte eine Verformung in Feldmitte von knapp 0,5 m gemessen werden. Die maximalen Rissbreite betrug 0,6 mm.

6 Bauausführung

Nach der Herstellung der sechs Brückenelemente Anfang 2010 und der Anlieferung auf die Baustelle, wurde die 97 m lange Brücke innerhalb von zwei Tagen errichtet. Abbildung 20 beschreibt den Montageablauf.

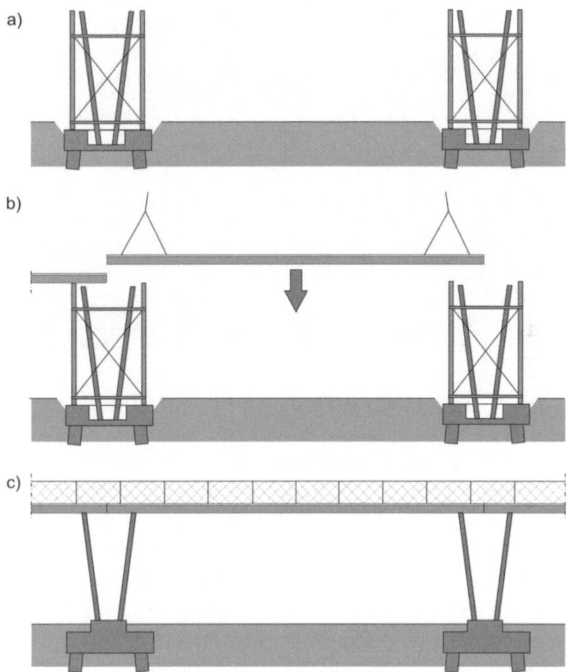

Abb. 20: Hauptarbeitsschritte bei der Brückenmontage: a) Aufbau der Rüsttürme und Stahlrohrstützen, b) Einheben der Überbauten und Ausrichten auf den Rüsttürmen, c) Betonieren der Fundamentaussparungen

Aufgrund der erforderlichen Genauigkeit erfolge die Montage mit Hilfe von Rüsttürmen (Abbildung 21), die zusätzlich die Lastabtragung der Vertikal- und Horizontallasten während der Montage übernahmen. Nach der Errichtung der Türme wurden zunächst die Stahlrohrstützen in den Fundamentköchern positioniert. Um eine zwängungsfreie Montage und Ausrichtung der Brückenelemente sicherzustellen wurden die Fertigteile in Längsrichtung auf Gleitplatten gelagert. Ausgehend vom mittleren Brückenfeld wurden die Stabanker in den Fugen gekoppelt. Im vorletzten Arbeitsschritt wurden die Stützen angehoben, ausgerichtet und mit dem Überbau verschraubt. Zum Schluss wurden die Fundamentaussparungen zur Stützenausrichtung vollständig betoniert.

Abb. 21: Fertigteilbrücke während der Montage

7 Zusammenfassung

Aufgrund der korrosionsbeständigen technischen Textilien können Tragwerke aus Textilbeton im Vergleich zu Stahlbauteilen deutlicher schlanker ausgeführt werden. Dies wird eindrucksvoll durch die bisher realisierten Bauwerke verdeutlicht. Das Beispiel der 97 m langen Textilbetonbrücke zeigt, dass Textilbeton auch für großformatige Bauwerke mit komplexem Tragverhalten geeignet ist.

Für Erkenntnisse zum Dauerstandverhalten wurde auf dem Gelände des Fertigteilwerks ein Brückensegment aufgebaut. Im Winter wird es mit einem Schneeräumfahrzeug belastet und gleichzeitig mit Tausalz bestreut. Mögliche auftretende Veränderungen und Verformungen werden dokumentiert und mit den zulässigen Werten verglichen.

8 Dank

Die Autoren bedanken sich bei der Stadt Albstadt für die Unterstützung und Realisierung dieses Pilotprojektes. Dank gilt auch der Sebastian Wochner GmbH & Co. KG Dormettingen (Fertigteilwerk), der H+P Ingenieure GmbH & Co. KG Aachen (statische Berechnungen), dem Regierungspräsidium in Tübingen und hns architect Stuttgart (Architektonischer Entwurf) für die erfolgreiche Zusammenarbeit. Das Projekt wurde durch eine großzügige Unterstützung der Groz-Beckert KG finanziert, die damit die Möglichkeiten des Textilbetons aufzeigen möchte. Groz-Beckert unterstützt außerdem den Wissenstransfer im Bereich Textilbeton zwischen Forschung und Industrie. Mit dem Tochterunternehmen solidan sollen Produkte aus und für Textilbeton entwickelt und vertrieben werden.

Tab. 4: Projektbeteiligte

Projektbeteiligte	Funktion
Groz-Beckert KG/ Stadt Albstadt	Bauherr
Hartwig N. Schneider	Architektonischer Entwurf
H+P Ingenieure GmbH & Co. KG	Tragwerksplanung
Sebastian Wochner GmbH & Co. KG	Ausführende Firma
RWTH Aachen Institut für Massivbau, Prof. Hegger Institut für Bauforschung, Prof. Brameshuber	Gutachten zur Zustimmung im Einzelfall Tragverhalten Betonentwicklung
Bornscheuer Drexler Eisele	Statische Prüfung
Regierungspräsidium Tübingen	Genehmigung, Zustimmung im Einzelfall

9 Literatur

[1] Hegger, J., Kulas, C., Horstmann, M., „Realization of TRC facades with impregnated AR-glass textiles", Key Engineering Materials, Vol. 466, 2011, pp. 121-30. Brüning, R. (1996) Temperaturbeanspruchungen in Stahlbetonlagern für feste Siedlungsabfälle. Schriftenreihe des Deutschen Ausschusses für Stahlbeton, Heft 470, Berlin.

[2] Kulas, C., Schneider, M., Will, N., Grebe, R., "Ventilated facade structures made of textile reinforced concrete - structural behavior and construction". Bautechnik, Vol. 88, Issue 5, 2011, pp. 271-280.Donges, A., Noll, R. (1993) Lasermesstechnik - Grundlagen und Anwendungen. Hüthig Buch Verlag, Heidelberg.

[3] Hegger, J., Horstmann, M., Feldmann, M., Pyschny, D., Raupach, M., Büttner, T., Feger, C., "Sandwich Panels made of TRC and Discrete and Continuous Connectors", In: Brameshuber, W., Proceedings of the 2nd International RILEM Conference on Material Science (MatSci), September 6-8, 2010, Aachen, Germany. RILEM Publications S.A.R.L., pp. 381-392.Donges, A., Noll, R. (1993) Lasermesstechnik

- Grundlagen und Anwendungen. Hüthig Buch Verlag, Heidelberg.

[4] Hegger, J., Will, N., Bruckermann, O., Voss, S., „Load-bearing behaviour and simulation of textile reinforced concrete", Materials and Structures, Vol. 39, Issue 8, 2004, pp. 765-776.Donges, A., Noll, R. (1993) Lasermesstechnik - Grundlagen und Anwendungen. Hüthig Buch Verlag, Heidelberg.

[5] Gries, T., Roye, A., Offermann, P., Peled, A., "Textiles". In: Brameshuber, W. (Edt.), Textile Reinforced Concrete. RILEM Report 36. -ISBN 2-912143-99-3. 2006. pp. 11-27.

[6] Hegger, J., Kulas, C., Horstmann, M., "Spatial Textile Reinforcement Structures for Ventilated and Sandwich Façade Elements", Advances in Structural Engineering, Vol. 15, Issue 4, 2012, pp. 665-675.

[7] Raupach, M., Orlowsky, J., Büttner, T., "Epoxy-impregnated textiles in concrete - load bearing capacity and durability", In: Hegger, J., Brameshuber, W., Will, N. (Edt.), Proceedings of the 1st International RILEM Conference, September 6-7, 2006, Aachen, Germany. RILEM Publications S.A.R.L., pp. 77-88.

[8] Büttner, T., Orlowsky, J., Raupach, M., Hojczyk, M., Weichold, O., "Enhancement of the durability of alkali-resistant glass-rovings in concrete", In: Brameshuber, W., Proceedings of the 2nd International RILEM Conference on Material Science (MatSci), September 6-8, 2010, Aachen, Germany. RILEM Publications S.A.R.L., pp. 333-342.

[9] Brockmann, T.,"Mechanical and fracture mechanical properties of fine grained concrete for textile reinforced composites", PhD-Thesis, Institute of Building Materials Research (ibac), 2006, ISBN 3-86130-631-X.

[10] Brameshuber, W., Hinzen, M. und Wochner, M.: Elegante Fußgängerbrücke aus textilbewehrtem Beton. beton, Ausgabe 11/2010, Verlag Bau+Technik, S. 438-444.

[11] DIN-Fachbericht 101: Einwirkungen auf Brücken, 2009, Beuth Verlag GmbH.

[12] DIN-Fachbericht 102: Betonbrücken. 2009, Beuth Verlag GmbH.

[13] Eurocode 5: Bemessung und Konstruktion von Holzbauten. 2008, Beuth Verlag GmbH.

[14] Voss, S.: Ingenieurmodelle zum Tragverhalten von textilbewehrtem Beton. Dissertation an der Fakultät 3 Bauingenieurwesen der RWTH Aachen, 2008.

[15] Hegger, J., Will, N., Bruckermann, O. and Voss, S.: Loadbearing behavior and simulation of textile reinforced concrete. In: Materials and Structures 39 (2006), S. 765-776.

[16] Hegger, J. and Voss, S.: Investigations on the load-bearing behavior and application of Textile Reinforced Concrete. Engineering Structures 30 (2008), S. 2050-2056.

[17] Kordina, K., Hegger, J. and Teutsch, M.: Shear-strength of prestressed concrete beams with unbounded tendons. ACI Structural Journal 2 (1989), S. 143-149.

[18] Hegger, J., Kulas, C., Raupach, M. und Büttner, T.: Tragverhalten und Dauerhaftigkeit einer schlanken Textilbetonbrücke. Beton und Stahlbetonbau 106 (2011), Heft 2, S. 72-80. Verlag, Heidelberg.

[19] Hegger, J., Will, N., Bruckermann, O. and Voss, S.: Loadbearing behavior and simulation of textile reinforced concrete. Materials and Structures 39 (2006) S. 765-776.

10 Autoren

Prof. Dr.-Ing. Josef Hegger
Dipl.-Ing. Sergej Rempel
Dr.-Ing. Christian Kulas
Lehrstuhl und Institut für Massivbau
RWTH Aachen
Mies-van-der-Rohe-Straße 1
52074 Aachen

Programm des Symposiums

13. März 2014, Großer Hörsaal Bauingenieurwesen, Karlsruher Institut für Technologie (KIT)

9:00 Uhr **Anmeldung/Kaffee**

9:30 Uhr **Begrüßung**
Prof. Dr.-Ing. Harald S. Müller
Karlsruher Institut für Technologie (KIT)

Dipl.-Ing. Eckhard Bohlmann
Verband Deutscher Betoningenieure e. V.

Ulrich Nolting
Geschäftsführer
Beton Marketing Süd GmbH, Ostfildern

9:50 Uhr **Beton – Baustoff aus der Vergangenheit für die Zukunft**
Prof. em. Dr.-Ing. Wieland Ramm
Technische Universität Kaiserslautern

Zusammenwirken von Konstruktion und Gestaltung

10:20 Uhr **Herausfordernde Gestaltung – Das Städel Museum in Frankfurt am Main**
Prof. Dipl.-Ing. Michael Schumacher
schneider + schumacher
Planungsgesellschaft mbH

10:50 Uhr **Kaffeepause**

11:20 Uhr **Anforderungen an die Konstruktion des Städel Museum und deren Lösung**
Prof. Dr.-Ing. Klaus Bollinger
B+G Ingenieure Bollinger und Grohmann GmbH

Frischbeton

11:50 Uhr **Vom Stampfbeton bis zum Fließbeton – Gestaltung durch plastische Formbarkeit**
Dr.-Ing. Michael Haist
Karlsruher Institut für Technologie (KIT)

12:20 Uhr **Prüfung von Beton – Schlüssel für qualitativ hochwertige Gestaltung**
Prof. Dr.-Ing. Wolfgang Breit
Technische Universität Kaiserslautern

12:50 Uhr **Mittagspause**

Festbeton

14:20 Uhr **Textilbeton – Gestaltung ohne Grenzen?**
Dr.-Ing. Frank Schladitz
Technische Universität Dresden

14:50 Uhr **Fertigteile – Gestaltung jenseits der Norm**
Dr.-Ing. Hubert Bachmann
Ed. Züblin AG

15:20 Uhr **Kaffeepause**

Beispiele aus der Praxis

15:50 Uhr **Neue Wege in Konstruktion und Gestaltung: Centro Ovale in Chiasso und Maison de l'Ecriture in Montricher**
Prof. Dr.-Ing. Aurelio Muttoni
École polytechnique fédérale de Lausanne, Schweiz

16:20 Uhr **Schlanke vorgespannte Fertigteilfußgängerbrücke aus Textilbeton**
Prof. Dr.-Ing. Josef Hegger
RWTH Aachen

16:50 Uhr **Zusammenfassung / Schlusswort**
Prof. Dr.-Ing. Harald S. Müller
Karlsruher Institut für Technologie (KIT)

Ulrich Nolting
Geschäftsführer
Beton Marketing Süd GmbH, Ostfildern

16:55 Uhr **Umtrunk / Imbiss**

Autorenverzeichnis

10. Symposium Baustoffe und Bauwerkserhaltung „Gestalteter Beton"

Wiss. Angest. Robert Adams
Fachgebiet Werkstoffe im Bauwesen, Technische Universität Kaiserslautern, Gottlieb-Daimler-Str. Geb. 60, 67663 Kaiserslautern

Dr.-Ing. Hubert Bachmann
Ed. Züblin AG, Albstadtweg 3, 70567 Stuttgart

Prof. Dr.-Ing. Klaus Bollinger
B+G Ingenieure Bollinger und Grohmann GmbH, Westhafenplatz 1, 60327 Frankfurt am Main

Prof. Dr.-Ing. Wolfgang Breit
Fachgebiet Werkstoffe im Bauwesen, Technische Universität Kaiserslautern, Gottlieb-Daimler-Str. Geb. 60, 67663 Kaiserslautern

Dipl.-Ing. Bianca Bund
Fachgebiet Werkstoffe im Bauwesen, Technische Universität Kaiserslautern, Gottlieb-Daimler-Str. Geb. 60, 67663 Kaiserslautern

Dr.-Ing. Michael Haist
Institut für Massivbau und Baustofftechnologie, Karlsruher Institut für Technologie (KIT), Gotthard-Franz-Str. 3, 76131 Karlsruhe

Prof. Dr.-Ing. Josef Hegger
Lehrstuhl und Institut für Massivbau, RWTH Aachen, Mies-van-der-Rohe-Straße 1, 52074 Aachen

Dr.-Ing. Christian Kulas
Lehrstuhl und Institut für Massivbau, RWTH Aachen, Mies-van-der-Rohe-Straße 1, 52074 Aachen

M. Sc. Enrico Lorenz
Institut für Massivbau, Technische Universität Dresden, George-Bähr-Straße 1, 01069 Dresden

Prof. Dr.-Ing. Harald S. Müller
Institut für Massivbau und Baustofftechnologie, Karlsruher Institut für Technologie (KIT), Gotthard-Franz-Str. 3, 76131 Karlsruhe

Prof. Dr.-Ing. Aurelio Muttoni
ibeton, École polytechnique fédérale de Lausanne, Station 18, CH-1015 Lausanne, Schweiz

Dipl.-Ing. Kai Otto
schneider + schumacher Planungsgesellschaft mbH, Poststraße 20A, 60329 Frankfurt am Main

Prof. em. Dr.-Ing. Wieland Ramm
Fachgebiet Massivbau und Baukonstruktion, Technische Universität Kaiserslautern, Paul-Ehrlich-Straße Gebäude 14, 67663 Kaiserslautern

Dipl.-Ing. Sergej Rempel
Lehrstuhl und Institut für Massivbau, RWTH Aachen, Mies-van-der-Rohe-Straße 1, 52074 Aachen

Dr.-Ing. Frank Schladitz
Institut für Massivbau, Technische Universität Dresden, George-Bähr-Straße 1, 01069 Dresden

Prof. Dipl.-Ing. Michael Schumacher
schneider + schumacher Planungsgesellschaft mbH, Poststraße 20A, 60329 Frankfurt am Main

M.A. (AAD) Ragunath Vasudevan
schneider + schumacher Planungsgesellschaft mbH, Poststraße 20A, 60329 Frankfurt am Main

Dipl.-Ing. Tobias Walther
Institut für Massivbau, Technische Universität Dresden, George-Bähr-Straße 1, 01069 Dresden

Symposium Baustoffe und Bauwerkserhaltung

Themen vergangener Symposien (2004-2012)

1. Symposium Baustoffe und Bauwerkserhaltung
Instandsetzung bedeutsamer Betonbauten der Moderne in Deutschland
Hrsg. H. S. Müller, U. Nolting, M. Vogel, M. Haist
ISBN 978-86644-098-2

2. Symposium Baustoffe und Bauwerkserhaltung
Sichtbeton – Planen, Herstellen, Beurteilen
Hrsg. H. S. Müller, U. Nolting, M. Haist
ISBN 3-937300-43-0

3. Symposium Baustoffe und Bauwerkserhaltung
Innovationen in der Betonbautechnik
Hrsg. H. S. Müller, U. Nolting, M. Haist
ISBN 3-86644-008-1

4. Symposium Baustoffe und Bauwerkserhaltung
Industrieböden aus Beton
Hrsg. H. S. Müller, U. Nolting, M. Haist
ISBN 978-3-86644-120-0

5. Symposium Baustoffe und Bauwerkserhaltung
Betonbauwerke im Untergrund – Infrastruktur für die Zukunft
Hrsg. H. S. Müller, U. Nolting, M. Haist
ISBN 978-3-86644-214-6

6. Symposium Baustoffe und Bauwerkserhaltung
Dauerhafter Beton – Grundlagen, Planung und Ausführung bei Frost- und Frost-Taumittel-Beanspruchung
Hrsg. H. S. Müller, U. Nolting, M. Haist
ISBN 978-3-86644-341-9

7. Symposium Baustoffe und Bauwerkserhaltung
Beherrschung von Rissen in Beton
Hrsg. H. S. Müller, U. Nolting, M. Haist
ISBN 978-3-86644-487-4

bitte wenden

8. Symposium Baustoffe und Bauwerkserhaltung
Schutz und Widerstand durch Betonbauwerke bei chemischen Angriff
Hrsg. H. S. Müller, U. Nolting, M. Haist
ISBN 978-3-86644-654-0

9. Symposium Baustoffe und Bauwerkserhaltung
Nachhaltiger Beton – Werkstoff, Konstruktion und Nutzung
Hrsg. H. S. Müller, U. Nolting, M. Haist, M. Kromer
ISBN 978-3-86644-820-9

alle Bände kostenfrei als Download bei **KIT Scientific Publishing (http://www.ksp.kit.edu)** oder für einen Umkostenbeitrag im Buchhandel